本著作系湖南省自然科学基金项目"基于激光增材制造（3D打印）技术的复杂零件修理技术研究"2018JJ5063的结项成果

3D打印技术应用研究

王承文　郭谆钦　著

中国财富出版社

图书在版编目（CIP）数据

3D 打印技术应用研究/王承文，郭谆钦著 . —北京：中国财富出版社，2020.4

ISBN 978 - 7 - 5047 - 7137 - 7

Ⅰ.①3… Ⅱ.①王…②郭… Ⅲ.①立体印刷—印刷术—研究 Ⅳ.①TS853

中国版本图书馆 CIP 数据核字（2020）第 059354 号

策划编辑	李 晗 于珊珊		责任编辑	谷秀莉	
责任印制	尚立业		责任校对	孙丽丽	责任发行 杨 江

出版发行	中国财富出版社			
社 址	北京市丰台区南四环西路 188 号 5 区 20 楼		邮政编码	100070
电 话	010-52227588 转 2098（发行部）		010-52227588 转 321（总编室）	
	010-52227588 转 100（读者服务部）		010-52227588 转 305（质检部）	
网 址	http://www.cfpress.com.cn			
经 销	新华书店			
印 刷	天津雅泽印刷有限公司			
书 号	ISBN 978 - 7 - 5047 - 7137 - 7/TS·0107			
开 本	710mm×1000mm 1/16		版 次	2020 年 11 月第 1 版
印 张	12		印 次	2020 年 11 月第 1 次印刷
字 数	166 千字		定 价	56.00 元

| 作者简介 |

王承文（1974—　），女，湖南衡阳人，硕士、副教授，目前供职于湖南长沙航空职业技术学院。主要研究方向为机电一体化、计算机应用。

郭谆钦（1974—　），男，湖南益阳人，硕士、教授，目前供职于湖南长沙航空职业技术学院。主要研究方向为机械制造及特种加工技术。

| 内容简介 |

　　目前，3D打印技术发展趋于成熟，在医疗、汽车、建筑、航空航天等领域都已得到广泛关注和推广。本书共六章，包括3D打印技术及分类、3D打印在航空航天中的应用、3D打印在汽车制造业中的应用、3D打印在医疗行业中的应用、3D打印在建筑行业中的应用、3D打印技术未来发展趋势。全书就常用和最新3D打印技术做了详细的阐述。

　　本书可供相关领域的教师、研究人员、学生参考，也适用于对此领域感兴趣的读者。

| 前　言 |

3D 打印技术由于具有快速、简便、成本低，可直接成形复杂原型、样品或零件，可明显缩短研发和制造周期等特性，被广泛应用于航空航天、汽车制造、医疗、建筑等领域。近年来，3D 打印技术更是得到了飞速的发展，成为一门重要的新型制造技术。

本书内容主要包括 3D 打印技术及分类、3D 打印在航空航天中的应用、3D 打印在汽车制造业中的应用、3D 打印在医疗行业中的应用、3D 打印在建筑行业中的应用、3D 打印技术未来发展趋势。

本书既适合作为 3D 打印技术设计人员的工具用书，也可作为 3D 打印操作工人的参考用书，还可供从事模具制造等机械制造行业的专业人员参考。

本书所有实践数据均来源于湖南省自然科学基金项目"基于激光增材制造（3D 打印）技术的复杂零件修理技术研究"，项目编号"2018JJ5063"，本书还获得了湖南湘潭电机集团有限公司力源模具分公司的大力支持，在此表示衷心的感谢。

本书网络资源：http：//www.worlduc.com/SpaceShow/index.aspx？uid＝556921。

本书学习网站：http：//hyzyk.cavtc.cn/？q＝node/1416。

　　由于作者水平有限，加之时间仓促，书中难免存在不足之处，敬请广大读者批评指正。

王承文　郭谆钦

2020 年 8 月

| 目　　录 |

1

3D 打印技术及分类

1.1 3D 打印技术原理及特点

1.1.1 3D 打印技术原理

3D 打印（三维喷印，3D Printing）技术，又称为增材制造（Additive Manufacturing，AM）技术，是一种新型的制造技术。它是一种参数化加工方法，是在计算机辅助设计（CAD）/计算机辅助制造（CAM）、激光技术、数控加工技术以及新材料开发等技术的基础上发展起来的。它依据三维 CAD 设计数据，采用离散材料（液态树脂、粉末、丝、纸等），利用"分层制造，逐层叠加"的原理，直接将数据化的虚拟图形转化为实际的实体结构。3D 打印原理如图 1-1 所示。

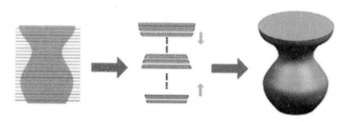

图 1-1　3D 打印原理

增材制造（3D 打印）技术与传统加工方式有本质区别，它将传统加工的"减材法"转变为"增材法"，是一种材料逐层累加、"自下而上"的制造过程。增材制造技术可以使产品的开发、制造周期大为缩短，成本也大幅降低，给制造领域带来了全新的变化。

增材制造（3D 打印）技术与互联网、新能源并称为"第三次工业革命"的三大核心技术[①]，被认为是人类继 18 世纪的蒸汽革命和 19 世纪的电气革命之后的第三次历史性革命，它带来了设计、制造及材料等领域的变革，让人们突破传统的桎梏，天马行空，充分发挥自己的想象力，可以说只有人们想不到的，没有 3D 打印做不到的。所以说，3D 打印的出现具有划时代的重要意义。

3D 打印具有明显的数字化特征，它集新材料、光学、高能束、计算机软件、控制技术等为一体，其工作过程大致可分为两个阶段：

第一个阶段，数据处理过程。对通过计算机辅助设计或原物扫描获得的三维 CAD 模型进行分层"切片"处理，将三维 CAD 数据分解成若干二维轮廓数据。3D 打印工艺过程如图 1-2 所示。

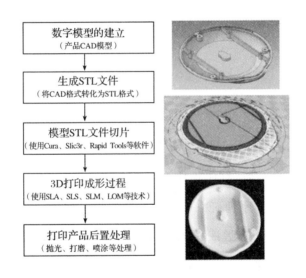

图 1-2　3D 打印工艺过程

第二个阶段，叠层制作过程。依据分层的二维数据，采用激光烧结或其他工艺方法制作出与数据分层厚度及形状相同的薄片实体，然后"由下

---

① 杰里米·里夫金：《第三次工业革命》。

而上"叠加起来，构成三维实体，实现从二维薄层到三维实体的制造，如图 1-2 所示。

从工艺原理上来看，数据从三维到二维是一个"微分"过程，依据二维数据制作二维薄层然后将之叠加成"三维"实体的过程，是一个"积分"过程。该过程将复杂的三维结构降为相对简单的平面二维结构，从而降低了制造难度，在制造复杂结构（如栅格、内流道等）方面较传统"减材制造"具有突出优势。分层制造思想很早就有，只是近年来在数字化设计和制造技术不断发展的基础上才应用到自动化设备上，并形成现在的 3D 打印技术。3D 打印过程分解如图 1-3 所示。

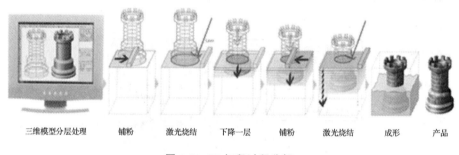

三维模型分层处理　铺粉　激光烧结　下降一层　铺粉　激光烧结　成形　产品

图 1-3　3D 打印过程分解

采用增材制造（3D 打印）技术，人们可以充分发挥自己的想象力，利用各种各样的成形原理研究出各种成形方法。例如，利用光化学反应原理，研制出了光敏树脂液相固化成形技术（简称光固化成形技术）；利用叠纸切割的物理方法，研制出了薄片分层叠加成形技术（又称分层实体制造技术）；利用喷胶黏结方法，研制出了三维喷印成形方法；利用金属熔焊原理，研制出了熔丝堆积成形技术（又称熔融沉积成形技术）等多种成形工艺方法。实践表明，增材制造技术已经从传统制造技术向多学科融合方向发展，物理、化学、生物和材料等新技术的出现，给增材制造技术的提升带来了新的生命力。增材制造技术给传统制造技术造成了巨大的冲击，更为重要的是，相应的工业化设备逐步走向生活，演变成办公和家庭等个人消费型产品。增材制造技术让创造更容易，增强了人们创新的积极性，增加了人们创新的乐趣。

1.1.2 增材制造技术发展历程

1. 增材制造技术在国外的发展概况

第一阶段，思想萌芽。增材制造技术起源于美国。1892 年，美国的 Blanther 提出利用分层制造法制作地图。进入 20 世纪后，增材制造技术得到了进一步重视，1902 年，美国 Carlo Baese 提出了利用光敏聚合物分层叠加制造塑料件的想法。1940 年，Perera 提出了切割硬纸板并逐层黏结成三维地图的方法。20 世纪 80 年代中后期，增材制造技术在美国得到快速发展，仅在 1986—1998 年申报的专利就达 20 多项。但这期间增材制造仅仅停留在设想阶段，大多还是一个概念，并没有付诸行动。

第二阶段，技术诞生。标志性成果是 5 种常规增材制造技术的发明。光敏树脂液相固化成形（Stereo Lithography Apparatus，SLA）技术，由美国 UVP 公司的 Charles W. Hull 发明于 1986 年；薄片分层叠加成形（Laminated Object Manufacturing，LOM）技术，由美国的 Feygin 发明于 1988 年；选择性激光烧结（Selective Laser Sintering，SLS）技术，由美国得克萨斯大学的 Deckard 发明于 1989 年；熔丝堆积成形（Fused Deposition Modeling，FDM）技术，由美国 Stratasys 公司的 Grump 发明于 1992 年；三维喷印（又称 3D 打印，Three-dimensional Printing，3DP）技术，由美国麻省理工学院的 Sachs 发明于 1993 年。

第三阶段，设备推出。1988 年，美国 3D Systems 公司根据 Hull 的专利制造了第一台增材制造设备。这一设备的推出不仅开创了增材制造技术发展的新纪元，还带来了增材制造技术井喷式的发展，美国先后涌现出各种新工艺和相应的成形设备。1991 年，美国 Stratasys 公司制造的 FDM 生产设备、Helisys 公司制造的 LOM 设备和 Cubital 公司的实体平面固化（Solid Ground Curing，SGC）设备都实现了商业化。1992 年，美国 DTM 公司（现属于 3D Systems 公司）研发成功了 SLS 加工设备；1994 年，德国 EOS 公司推出了 EOSINT 型 SLS 设备；1996 年，3D Systems 公司制造了第一台 3DP 设备 Actrua2100；同年，美国 Zcorp 公司也发布了 3DP 设备 Z402。从上述设备发展情况来看，美国在增材制造技术领域占据了主导地位，无论是设备的研发还是市场的推广应用，其都具有一定的优势，其发展历程基本代表了世界增材制造技术的发展步伐。另外，日本和欧洲一些国家也不甘落后，投入大量的人力、物力进行增材制造技术的研究和设备研发。

第四阶段，大范围应用。早期增材制造技术受限于材料种类和工艺水平，主要应用于模型和原型制作，如制作新型手机外壳模型等。因此，当时的增材制造技术又被称为快速原型技术（又称快速成形技术，Rapid Prototyping，RP）。随着材料、工艺和设备的逐渐成熟，增材制造技术的应用范围由模型和原型制作进入产品快速制造阶段。

以上述几种常规增材制造技术为代表的早期增材制造技术，可被称为经典增材制造技术。新兴增材制造技术则强调直接制造为人所用的功能制件及零件，如金属结构件、高强度塑料零件、高温陶瓷部件及金属模具等。高性能金属零件的直接制造是增材制造技术由"快速原型"向"快速制造"转变的重要标志之一。2002 年，德国成功研制了激光选区熔化成形（Selective Laser Melting，SLM）设备，可成形接近全致密的精细金属零件和模具，其性能可达到同质锻件水平。同时，电子束熔化（Electron Beam Melting，EBM）、激光工程净成形（Laser Engineered Net Shaping，LENS）等金属直接制造技术与设备涌现出来。这些技术面向航空航天、生物医疗和模具等高端制造领域，实现了复杂和高性能的金属零部件的直接成形，解决了一些传统制造工艺面临的结构和材料难以加工甚至是无法加工等制造难题，因此增材制造技术的应用范围越来越广泛。

2. 增材制造技术在我国的发展概况

20 世纪 90 年代初，西安交通大学、清华大学、华中科技大学和北京隆源自动成型系统有限公司（以下简称北京隆源公司）等在国内率先开展增材制造技术的研究与开发。西安交通大学重点研究 SLA 技术，并开展了增材制造生物组织和陶瓷材料方面的应用研究；清华大学开展了 FDM、EBM 和生物 3DP 技术的研究；华中科技大学开展了 LOM、SLS、SLM 等增材制造技术的研究；北京隆源公司重点研发和销售 SLS 设备。随后又有一批高校和研究机构参与到该项技术的研究之中。北京航空航天大学和西北工业大学开展了 LENS 技术研究，中航工业北京航空制造工程研究所和西北有色金属研究院开展了 EBM 技术的研究，华南理工大学、南京航空航天大学开展了 SLM 技术的研究等。国内高校和企业通过科研开发和设备产业化改变了该类设备早期依赖进口的局面，这些年的应用研发与推广，使全国建立了数十个增材制造服务中心，用户遍布航空航天、生物医疗、汽车、军工、模具、电子电器及造船等行业，推动了我国制造技术的发展和传统产业的升级。

1.1.3　3D 打印优缺点

3D 打印技术与传统制造技术相比，具有以下优缺点：

1. 优点

（1）成本低

3D 打印不需要模具、刀具、夹具及其他辅助装置，所以加工成本低。尤其是加工复杂产品时，成本和加工简单产品差不多，所以 3D 打印特别适用于复杂产品及新产品的创新和开发。

（2）节省材料

3D 打印时没用到的原材料在下次可继续使用，材料利用率接近 100％。

（3）可加工复杂外形

因为 3D 打印是在计算机的控制下逐层叠加成形的，所以能打印各种复杂外形，因此设计师们在设计外形时无须考虑 3D 打印是否能将其设计加工出来，设计师们可以发挥想象，尽情设计。

（4）简化加工

只要电脑能够识别，3D 打印就可由计算机控制直接打印出任何三维数据模型，不再需要传统加工所需的模具、刀具、夹具等工具。

（5）缩短产品研发周期

传统产品研发要制造模具、生产样品，周期很长，而采用 3D 技术可以直接将电脑中的三维模型精确地打印成模型或样品，甚至直接制造出零件或产品，大大地缩短了产品研发周期，可使新产品的开发周期缩短50％以上。

（6）加工速度快

3D 打印具有成形快的特点，打印一个常规零件仅需数小时。

（7）降低了组装成本

3D 打印能直接打印出组装好的产品，可省去大量的连接零件以及组装过程，大大节约了组装成本。

（8）可实现复合加工

3D 打印技术可与传统制造方法结合（如铸造、冲压、喷射成形等）形成新的复合加工方法。

2. 缺点

（1）强度问题

从各种 3D 打印技术路线来看，大多数工艺路线更适合于产品原型的制作，制品的强度、疲劳度等力学性能难以和传统的机加工件、锻件、铸件相媲美。例如，打印出来的房子强度、结构力学性能能否满足使用要求，能否抵挡得住风雨，打印出来的车子能否启动，能否达到速度要求，仍是一个必须面对的问题。

（2）精度问题

3D 打印加工往往是分层制造，而分层制造存在"台阶效应"，虽然每个层次很薄，但从微观角度看仍会存在许多的"台阶"，对于圆弧面的零件来说就会存在一定的形状误差。

（3）材料的局限性

目前供 3D 打印机使用的材料非常有限，主要是石膏、无机粉料、光敏树脂、塑料等，而且打印机对材料也非常挑剔。近年来金属粉末也得到了较为广泛的应用，但存在价格昂贵、品种较少等缺陷。

（4）稳定性问题

稳定性不单指设备、材料的稳定性、可靠性，更多的是指每次打印能否像计算机所设计的三维模型一样，稳定地得到预想的实物，3D 打印工艺路线多样，每种路线的成形特性和所用材料都不同，打印速度、打印头的温度、材料的温度、打印环境等都会对打印质量产生影响。

（5）尺寸问题

虽然不同技术路线的打印机可以找到相应的应用场合，但是可打印尺寸的扩大往往伴随着精度的降低，要想实现高精度、大尺寸的打印要求，以目前的技术水平仍有困难。

1.1.4 应用实例

3D 打印的应用实例如图 1-4 所示。

图 1-4 3D 打印的应用实例

1.2 3D 打印技术分类及应用

3D 打印技术经过多年的发展，取得了长足进步，发展出很多不同的加工工艺及方法，可按成形材料及成形方式的不同进行分类，具体分类如图 1-5 所示。

3D 打印技术主要有以下几种：熔丝堆积成形（Fused Deposition Modeling，FDM）技术、光敏树脂液相固化成形（Stereo Lithography Apparatus，SLA）技术、数字光固化（Digital Light Processing，DLP）技术、聚合物喷射（Poly-jet，PJ）技术、薄片分层叠加成形（Laminated Object

Manufacturing，LOM）技术、选择性激光烧结（Selective Laser Sinte-ring，SLS）技术、激光选区熔化成形（Selective Laser Melting，SLM）技术、直接金属激光烧结（Direct Metal Laser Sintering，DMLS）技术、电子束选区熔化成形（Electron Beam Selective Melting，EBSM）技术、激光工程净成形（Laser Engineered Net Shaping，LENS）技术、三维喷印（Three-dimensional Printing，3DP）技术、彩色喷墨（Color-jet，CJ）技术、多喷头喷射（Multi-jet，MJ）技术、电子束熔丝沉积成形（Electron Beam Freeform Fabrication，EBF）技术（又称电子束自由成形制造技术）和电弧增材制造（Wire and Arc Additive Manufacture，WAAM）技术等。下面介绍几种常用的 3D 打印加工原理、特点及应用。

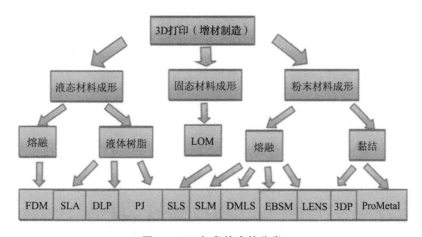

图 1-5　3D 打印技术的分类

1. 2. 1　光敏树脂液相固化成形技术

光敏树脂液相固化成形（SLA）技术又称立体光刻或光固化立体造型技术，是最早发展起来的一种 RP 技术。它的加工原料为光敏树脂，利用计算机控制紫外激光在光敏树脂上逐层扫描，使其凝固成形，从而获得所需零件。这种方法具有简捷、自动等特点，常用来制造尺寸精度和表面质量要求较高、几何形状复杂的原型。早在 1988 年，美国的 3D Systems 公司就推出了 SLA350 快速成型机，SLA 成型机目前占了 RP 设备很大的份额。

1. 光敏树脂液相固化成形技术原理

液态光敏树脂材料具有光聚合特性，即在一定波长（325nm）和功率（30mW）的紫外激光的照射下会发生光聚合反应，材料中的相对分子质量急剧增大，同时从液态转变成固态。SLA 成形就是利用液态光敏树脂的光聚合原理实现加工的。

图 1-6 为 SLA 工艺原理。在计算机的控制下，激光束在盛满液态光敏树脂液槽的液体表面扫描，扫描的轨迹按预定轨迹运行，激光扫描到的地方，液态树脂就固化。当一层扫描完成后，就会形成零件的一层截面，未被照射的地方仍是液态光敏树脂，然后升降台下降一层高度（约0.1mm），已经成形的零件层面上会重新覆盖一层液态光敏树脂。刮平器的作用是将黏度较大的光敏树脂液面刮平，然后再进行下一层的扫描，新固化的一层光敏树脂会牢固地黏结在前一层上，如此重复，直到加工出整个零件，得到所需的三维实体原型。

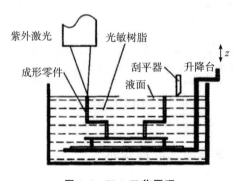

图 1-6　SLA 工艺原理

SLA 加工方法是快速成形领域研究最早、最多的一种方法，目前也是技术上最为成熟的一种 3D 打印方法。SLA 工艺成形的零件精度较高，多年的研究改进了截面扫描方式和树脂成形性能，使该工艺成形的尺寸精度甚至能达到 0.05mm。

2. 光敏树脂液相固化成形技术优缺点

（1）优点

① 尺寸精度较高。SLA 工艺成形零件的尺寸精度可达到 0.1mm，甚至可达 0.05mm；同时，成形零件的表面粗糙度较好、残余应力小、表面质量好。

② 材料利用率高。SLA 利用电脑控制直接成形，不需要切削加工，没有原材料浪费，利用率接近 100%，也没有工具耗损的问题。

③ 自动控制。加工过程采用计算机全程控制，无须人工干预，且可连续工作，工作效率高。

④ 可成形复杂零件。因为由电脑控制成形，而不是人工控制，所以能成形各种复杂、精细零件（如工艺品、首饰等），尤其是一些镂空零件（如飞机、汽车零件）。

（2）缺点

① 价格昂贵。激光管寿命有限，需定期更换，导致成本高。

② 成形时间较长。加工时是逐层、逐点扫描，一个个面叠加而成，需要较长的扫描及冷却、凝固时间，所以成形速度较慢、时间较长。

③ 加工材料种类有限且对环境有污染。加工原材料必须是光敏树脂，且光敏树脂对环境有污染。

④ 需要支撑结构。SLA 成形过程中，因为没有凝结的原材料光敏树脂呈液体状态，不能给成形过程中的零件提供可靠的定位及支撑，所以必须设计支撑结构。

3. 光敏树脂液相固化成形技术工艺过程

光敏树脂液相固化成形一般分前处理、光固化成形和后处理三个阶段。

（1）前处理

前处理是为原型制作进行数据准备，主要包括 CAD 三维造型、数据转换、摆放方位确定、施加支撑和切片分层。

① CAD 三维造型。对已有零件进行实物三维扫描获得三维数据或利用 CAD 软件进行三维建模，获得原型制作的三维模型数据。三维造型常用的软件有 UG、Pro/E 等。

② 数据转换。数据转换是对零件的三维模型数据进行后置处理，生成 STL 格式的数据文件，以便计算机控制 3D 打印设备。目前，常用的 CAD 软件都带有 STL 数据输出功能。

③ 摆放方位确定。零件加工时的摆放位置不但影响加工效率、表面质量，也影响后续支撑的施加等。具体如何摆放，要看加工零件主要考虑的是哪方面的要求，如果要提高加工速度，叠加方向或加工方向就应该选择尺寸最小的方向；如果要提高零件的加工质量、尺寸和形状精度，加工方向或叠加方向则应选择尺寸最大的方向；如果考虑到减少支撑、节省材料以及简化后处理等因素，则通常将零件倾斜摆放。

④ 施加支撑。施加支撑的作用是在零件的叠加过程中给零件提供支撑，保证零件正确成形，是 SLA 前处理的重要工作。对于结构复杂的零件模型，支撑方案的设计及实施需要非常精细，因为支撑的施加影响到原模制作的成败和质量。目前，应用较多的支撑方法为点支撑，即施加的支撑和需要支撑的模型面采用逐点接触的方法。

⑤ 切片分层。将三维数据沿高度方向进行切片分层处理，分层厚度视设备而定，然后生成 SLA 设备能够识别的层片数据文件，一般为 SLC 格式。设备根据 SLC 文件实施逐层扫描，分层叠加，最后实现三维原型制作。

（2）光固化成形

① 开启光固化快速成形系统。此时，工作液槽会加热，使液态光敏树脂达到预设温度，同时，激光器会开启并经过一段时间后稳定下来，进

入工作准备状态。

② 开启设备控制软件。软件系统读入层片数据（SLC）文件，此时可根据原型的具体要求进行适当的调整，如果不调整，设备将使用默认设置。

③ 调整升降台与光敏树脂液面位置。保证升降台上有一定厚度的光敏树脂能进行激光扫描，同时要确保施加支撑与工作台的连接稳定、牢靠。

④ 启动加工。启动设备，进行自动叠层加工。

（3）后处理

后处理主要包括晾干、清洗、去支撑、二次固化等。

① 晾干。加工完成后，将零件升到光敏树脂液面以上，晾干 5～10 分钟，然后用抹布抹干多余光敏树脂。

② 清洗。待零件彻底晾干后，用丙酮、酒精等浸泡、清洗。

③ 去支撑。清洗完毕，去除支撑结构。去除支撑时，要防止刮伤零件表面和精细结构。

④ 二次固化。对于性能要求较高的原型零件，可将其置于紫外烘箱中烘烤一段时间，进行整体二次固化。

4. 光敏树脂液相固化成形技术的应用

光敏树脂液相固化成形的应用非常广泛，如有些用于结构验证和功能测试的功能件并不需要太高的机械性能，因此可以用树脂直接成形；由于光固化不受外形的限制，所以可制作出比较复杂或精细的零件；由于树脂的透明特性，光固化可成形出具有透明效果的零件；使用光固化制造出来的原型可用来快速翻制各种模具，如金属冷喷模、硅橡胶模、电铸模、陶瓷模、合金模、环氧树脂模和消失模等。

（1）赛车行业

赛车为减轻车身重量，许多零部件由塑料、橡胶等材料制作而成，如使用光敏树脂液相固化成形,可大大缩减制作周期及成本。

（2）航空领域

许多航空零件是精密铸造出来的,而精密铸造就需要高精度的母模,传统的制造高精度母模的方法成本高且制作时间长,采用 SLA 可直接制造出熔模铸造的母模,能在很大程度上节约加工成本和加工时间。

（3）电器行业

光固化的原材料光敏树脂最适合于制作电器塑料外壳,且 SLA 工艺能够满足家用电器复杂的外形设计要求,因此,SLA 成形在电器制造业中的应用越来越广泛。

（4）医疗领域

SLA 工艺在医疗领域的应用也日益广泛,它可快速制作用于教学和交流的人体器官模型、手术演练模型、植入棒等,也可用于手术器械的开发。

图 1-7 为光敏树脂液相固化成形 SLA 的应用实例。

1.2.2　选择性激光烧结技术

选择性激光烧结（Selective Laser Sintering,SLS）技术是一种快速原型制造技术,又称选区激光烧结技术。SLS 工艺是利用粉末烧结原理实现加工的,加工原材料为粉末（金属或非金属粉末）,用计算机控制激光在粉末表面照射,由于高温作用,照射到的粉末迅速熔解烧结,然后层层堆积成形。SLS 与 SLA 的加工原理非常相似,主要区别在于使用的加工原材料不同,SLA 用的是液态光敏树脂,而 SLS 用的是金属或非金属粉末。

1. 选择性激光烧结技术的原理

SLS 工艺是利用粉末材料（金属粉末或非金属粉末）在计算机控制下通过激光照射、烧结,然后层层堆积成形的,如图 1-8 所示。

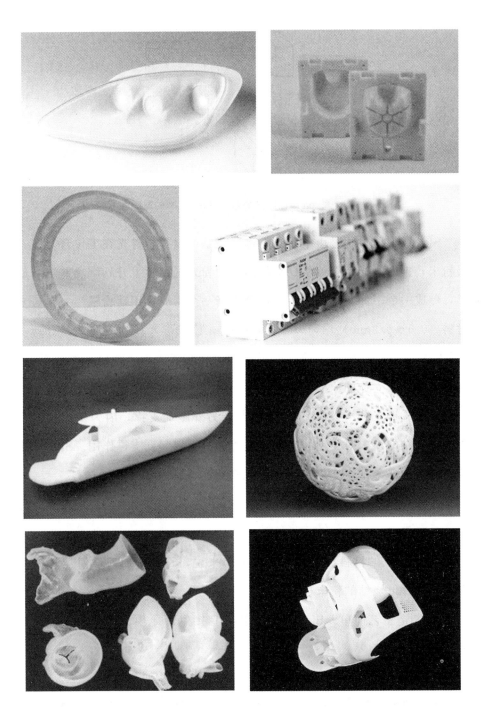

图 1-7　SLA 的应用实例

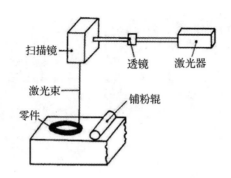

扫描镜　透镜　激光器　激光束　铺粉辊　零件

图 1-8　选择性激光烧结（SLS）技术的原理

SLS 的成形过程是由下而上、逐层烧结的过程，首先在工作台上铺一层粉末，控制激光束在该粉层上扫描，使粉末的温度上升到熔点并烧结成形，形成一个平面零件，然后工作台下降一个层厚，用铺粉辊将一层粉末材料（0.1～0.2mm）均匀、紧实地平铺在已成形零件的表面，进行新一层的烧结，新烧结的层与前面的层叠加、烧结成为一个整体，如此反复，直至形成三维立体的原模。

SLS 成形工艺不必像 SLA 工艺那样另外施加支撑，因为在成形过程中未经烧结的粉末对模型的空腔和悬臂部分可以起到支撑作用。SLS 使用的是 CO_2 激光器，原料为蜡、聚碳酸酯、尼龙、金属及其他物料。

2. 选择性激光烧结技术的优缺点

（1）优点

① 可加工的材料种类多。从理论上来说，SLS 可加工任何加热时黏度会降低并可烧结的粉末材料。

② 制造工艺简单。SLS 成形工艺可直接生产原模、样件或产品，制造工艺简单。

③ 高精度。SLS 的成形精度高，一般能够达到±（0.05～2.5）mm 的公差，当粉末粒径为 0.1mm 以下时，成形后的原型精度可达±1%。

④ 无须支撑。成形过程中没有烧结的粉末材料对零件具有支撑作用，无须另外设计支撑。

⑤ 材料利用率高。SLS 成形时，没有烧结的粉末下次可以继续使用，材料的利用率高，接近 100%。

（2）缺点

① 表面粗糙。SLS 的原材料是粉末，成形过程是粉末逐层烧结并叠加，所以表面粗糙。

② 烧结过程中会发出异味。粉末材料在激光的加热下熔化，熔化后的高分子材料会发出异味。

③ 辅助工艺复杂。SLS 成形中，不同的原材料加工需要不同的辅助工艺。例如，易燃粉末的烧结，为了避免起火，必须引入阻燃气体；为更好地烧结粉末，必须预热等。

3. 选择性激光烧结技术工艺过程

SLS 成形的材料一般为石蜡、高分子材料、金属、陶瓷粉末和它们的复合粉末。材料不同，烧结工艺也不同，下面以金属材料为例说明 SLS 的成形工艺。

金属材料直接烧结成形工艺采用的原材料是零件所需的金属粉末，用激光的能源对金属粉末进行加热，金属粉末会熔化、烧结，最后实现叠层堆积，形成零件。其工艺流程：扫描已有模型或 CAD 建模→将模型分层切片，得到层数据（前处理）→逐层激光烧结→直接成形金属零件。

从这个工艺过程可知，成形过程简便，成形快，且无须后处理，但必须采用功率较大的激光器，以保证金属粉末熔化，直接烧结成形。

烧结过程中，影响烧结成形的关键因素：激光器功率的选择、被烧结金属粉末材料的熔凝过程及控制等。

激光器功率是 SLS 成形的重要影响因素。功率越低，激光加热效果越差，材料来不及充分熔化，烧结后的零件越容易产生凹凸不平的烧结层面。但功率过高，会产生过热现象，使部分金属材料汽化，与空气等混合，产生烧结飞溅现象，形成不连续表面，从而严重影响烧结工艺。

激光的光斑直径是 SLS 成形的另一个重要影响因素。在满足烧结基本条件下，光斑直径越小，烧结出来的零件组织致密度越高、性能越好、精度越高。但是，光斑直径小也意味着激光作用区内的能量密度高，更容易出现烧结飞溅现象。

扫描间隔是 SLS 工艺的又一个重要影响因素，它直接影响层面质量和层间结合、烧结效率等。合理的扫描间隔应保证烧结线间与层间有少许的重叠。

4. 选择性激光烧结技术的应用

（1）直接快速制作模具

利用 SLS 工艺可直接快速制模，减少了传统制造模具的时间及成本。

（2）复杂金属零件的快速无模铸造

使用 SLS 成形技术可直接打印复杂的金属零件原型或样件，用于新产品的检验与完善，从而大大提高产品研发速度、减少研发周期、降低研发及生产成本。

（3）制造内燃机进气管模型

由于 SLS 技术适合加工镂空件，所以用它来制造内燃机的进气管道是一个很好的选择。打印出来的进气管模型，可直接与相关零部件配合安装并进行功能验证，如发现设计不合理之处，可及时完善，最后达到使用要求。

图 1-9 为选择性激光烧结 SLS 技术的应用实例。

图 1-9　SLS 技术的应用实例

1.2.3　薄片分层叠加成形技术

薄片分层叠加成形（Laminated Object Manufacturing，LOM）技术是将薄片（一般是纸张）一层层叠加起来制作原型的方法，它是一种较为成熟的快速原型制造技术。自 1991 年问世以来，这种制造方法得到了迅速发展。因为叠加的原材料多为纸张，所以具有成本低、精度高等特点。该技术在熔模铸造型芯、快速制造母模和直接制模等方面得到了广泛应用。

1. 薄片分层叠加成形技术原理

图 1-10（a）为薄片分层叠加成形技术的原理简图。成形设备由控制计算机、送料机构、激光切割系统、升降工作台和加热、粘叠机构等组成。首先，由控制计算机接收和存储工件的三维数据模型，并将三维数据模型切片、分层，得到每一层的横截面轮廓线数据；其次，控制计算机发出控制指令，工作台下降一个材料厚度（通常为 0.1～0.2mm），送料机构将新的一层材料送到已成形的材料上方，激光根据分层数据切割出这一层的形状并切断，接着热压辊滚过该层，加热涂有热熔胶的纸张，将新成形的一层黏合在已成形的材料上，如此反复，将纸张一层层叠加起来，最后去掉多余的材料，得到我们想要的原型。

图 1-10（b）为 LOM 加工实例，叠加过程完成后，将多余的材料去除就可以得到我们想要的产品。

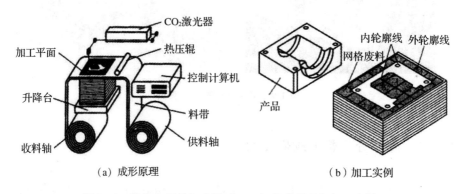

（a）成形原理　　　　　　　　　（b）加工实例

图 1-10　薄片分层叠加成形（LOM）技术原理和加工实例

2. 薄片分层叠加成形技术的优缺点

LOM 原型制造设备工作时，CO_2 激光器扫描头按指令做 $x-y$ 切割运动，逐层将铺在工作台上的薄片切成所要求轮廓的切片，并用热压辊将新铺上的薄材牢固地粘在已成形的下切片上，工作台按要求逐层下降，薄材进给机构反复进给薄材，最终制成三维工件。

（1）优点

① 原型精度高。因为激光切割，送料等都由控制计算机精确控制，所以精度高，同时上胶工艺采用微粒吸附法，变形小。LOM 的加工精度 x、y 方向可达 $\pm(0.1\sim0.2)$ mm，z 方向可达 $\pm(0.2\sim0.3)$ mm。

② 制作简单。材料直接叠加成形，不需要设计支撑，也无须固化处理等。

③ 成本低。因为原材一般为纸张等，故材料便宜、成本低，可实现大尺寸制作且废料容易处理。

④ 可加工。成形的原型件有较好的硬度等力学性能，可进行后续切削加工。

⑤ 自动化程度高。设备由控制计算机控制，操作方便，安全可靠。

（2）缺点

① 产品的抗拉强度差。

② LOM 不能直接制作塑料工件。

③ 产品由纸张制作而成，容易吸湿膨胀，因此表面需要做防潮处理。

④ 成形后的原型表面有等于材料厚度的台阶纹，表面精度不高，需要打磨。

3. 薄片分层叠加成形技术的工艺过程

与其他快速原型制造工艺一样，薄片分层叠加成形工艺也有前处理、叠片成形和后处理三个阶段，下面进行具体讨论。

（1）前处理

① 建模形成 STL 文件。使用原件三维扫描技术或用 CAD 软件三维

建模技术获得三维数据，并编译成设备认识的 STL 数据文件，为原型制作提供数据信息。常用的造型软件如 UG、Pro/E、Catia、Solid Edge、MDT 等，模型文件有多种输出格式，一般都使用 STL 数据格式。

② 切片处理。由于 LOM 是按每一层的截面轮廓逐层加工的，因此加工前必须用软件将三维模型分成若干层，然后切片处理。切片间隔或分层厚度由生产率和加工精度确定，一般为 0.05～0.5mm，常用的是 0.1mm。

实际生产中叠层的厚度会产生累积误差，所以需要经常根据实时测量结果对三维模型进行实时切片处理。

（2）叠片成形

① 采用合适的成形工艺参数：a. 激光切割速度。激光切割速度将直接影响加工效率和成形件的表面质量，实际加工中，可根据加工效率及表面质量适当调节，如需要加工效率高，可提高激光切割速度，需要表面质量好，可降低激光切割速度。b. 加热辊的温度和压力设置。加热辊的温度和压力设置是影响加工质量的重要因素，加工时应根据零件层面大小、纸张厚度和环境温度等适当调节。c. 激光能量大小。激光能量大，则可切割更厚的纸材并获得更快的切割速度，反之则下降。通常，激光能量和激光切割速度成抛物线关系。d. 切割网格尺寸。切割网格尺寸影响余料去除的难度和产品的表面质量。

② 原型制造过程：a. 基底制作。由于 LOM 在加工过程中工作台的升降比较频繁，为保证零件和工作台之间的连续，需要在加工前制作 3～5 层的基底。b. 原型制作。在电脑的控制下，按预设的工艺参数和轨迹运行，自动、逐层叠加出原型产品。

（3）后处理

LOM 工艺的后处理是指将埋在叠层中的原型产品剥离出来，然后进行打磨、修补、抛光和表面强化处理等。

① 余料处理。余料处理是将成形过程中产生的多余材料、支撑结构等与工件分离开来，得到想要产品的过程。余料处理与加工表面质量有很大的关系。

② 后置处理。为了满足成形后产品的尺寸、精度及性能要求等，需要进行后置处理以改善零件综合性能。修补、打磨、抛光及表面涂覆等后置处理，可提高表面质量，去除因分层引起的小台阶，克服 STL 格式化造成的小缺陷，提高原型的强度、刚度，改善尺寸精度及表面硬度等。

4. 薄片分层叠加成形技术的应用

LOM 工艺的成形原料比较便宜，运行成本和投资都较低。但由于原料一般为纸质材料，所以强度、刚度和硬度各方面性能不高。因此，LOM 工艺仅用来制作汽车发动机曲轴、连杆、各类箱体、盖板等零部件的原型样件。

（1）汽车零件

随着汽车的普及，人们对汽车的要求也越来越高，汽车的主要零部件，如车灯、保险杠等，不仅要满足基本的使用要求，还要满足外形美观的要求。LOM 技术的出现，正好能解决这一问题。

（2）铸铁手柄

机床的操作手柄多为铸铁制造，采用 LOM 技术，借助 CAD 软件平台，可以直接快速制作出高精度的各种复杂曲面形状的砂型铸造木模，从而克服人工制作砂型铸造木模费时且精度不高的缺点。

（3）制鞋工业

紧跟潮流，及时更新鞋子款式，是制鞋企业保持行业竞争力的重要手段之一，LOM 技术能很好地帮助企业实现这一目标。设计师首先设计各种款式鞋子的模型图案，再通过 LOM 成形技术制造实物模型，从而排除不好的款式和设计，最后确定设计方案，更好地迎合客户需求。

图 1-11 为薄片分层叠加成形 LOM 技术的应用实例。

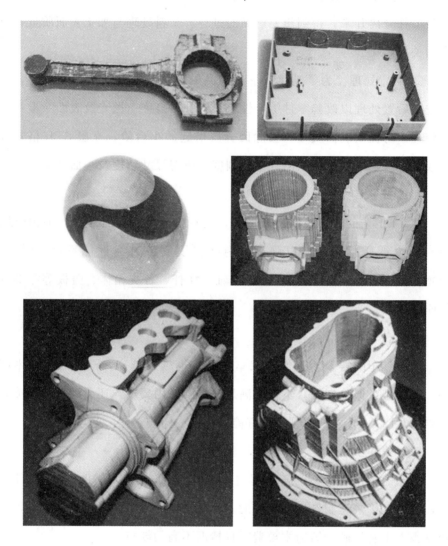

图 1-11   LOM 技术的应用实例

1.2.4   熔丝堆积成形技术

熔丝堆积成形（Fused Deposition Modeling，FDM）技术，又称熔融沉积成形技术，工艺比较适合于家用电器、办公用品、模具行业的新产品开发以及假肢、医学医疗、大地测量、考古等基于数字成像技术的三维实体模型制造。该技术无须激光系统，因而价格低廉，运行费用低且可靠。

1. 熔丝堆积成形技术的原理

熔丝堆积也叫熔融沉积，成形原理有点像做蛋糕，首先利用加热头将丝状热熔性材料加热熔化成液体状态，然后用一个带有微细喷嘴的喷头将之挤喷出来；成形时，工作台则沿成形轨迹，作 X、Y 方向的移动。为保证热熔性材料挤喷出喷嘴后与前面一层熔结在一起，热熔性材料的温度应始终稍高于固化温度，而成形部分的温度应稍低于固化温度。当一个层面沉积完成后，工作台下降一个层厚，再继续熔喷沉积下一个层面，直到完成整个零件的实体造型。

熔丝堆积成形工艺原理如图 1-12（a）所示，其过程如下：由电机驱动的供料辊将丝质原料（丝材是熔点不高的热塑性塑料或蜡）输送到加热喷头，为保证丝材进料顺利，可加装导向套。推荐的送料速度一般为 5～18mm/s，喷头的前端有电阻式加热器，在其作用下，丝材被熔化，然后通过出口（内径为 0.25～1.32mm）涂覆至工作台，逐层熔化沉积出想要的实体造型。熔融沉积层厚取决于喷头的运动速度（最高为 380mm/s），通常最大层厚为 0.15～0.25mm。熔丝堆积成形加工演示图如图 1-12（b）所示。

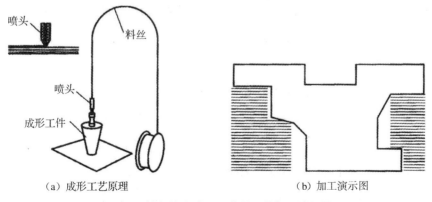

（a）成形工艺原理   （b）加工演示图

图 1-12　熔丝堆积成形工艺原理及加工演示图

2. 熔丝堆积成形技术的优缺点

熔丝堆积成形技术因为具有其他快速成形工艺不具备的特点，因此被广泛使用。

（1）优点

① 不受形状限制，可成形具有复杂内腔或内孔的零件。

② 如果使用蜡等可熔性材料作原材料，成形出来的原型可以直接用于熔模铸造。

③ 材料利用率高，材料利用率几乎是 100%。

④ 成形原理简单，操作方便，维护、运行成本低。

⑤ 可直接成形，无须支撑，也不需要分离。

（2）缺点

① 精度不高。成形件表面质量不好，有明显的台阶纹。

② 强度不高。因为是熔化沉积加工，所以强度不高，尤其是沿成形轴垂直方向的部分，强度低。

③ 效率低。每一层对整个截面进行熔化沉积，成形时间长，效率不高。

3. 熔丝堆积成形技术的应用

FDM 成形制造技术因为其快速、简便的特性，已被广泛应用于航空航天、汽车制造、电子电器设备、医学、建筑、玩具等领域产品的设计与开发。用传统方法需几个星期、几个月才能制造出来的复杂产品原型，用 FDM 成形技术在很短的时间就可以完成，且无须任何模具和加工设备。

以下介绍几个应用实例：

知名汽车制造商丰田公司用 FDM 成形技术制造车门把手和右侧镜支架的母模，显著降低了生产成本，据有关数据统计，仅右侧镜支架就节省模具制造费 20 万美元，而门把手的模具制造费节省了 30 万美元。

FDM 工艺可实现产品的一体化制造。对于零件多，不便于螺纹连接和焊接的新产品，采用 FDM 工艺可显著提高模型的加工效率。比如，用

FDM 工艺制作玩具水枪模型，减少了制件数，提高了效率，节约了成本。

世界知名高尔夫球杆生产商 Mizuno（美津浓）公司用传统方法开发了一套新的高尔夫球杆，通常制造周期要 13 个月甚至更长，而采用 FDM 技术，可大大缩短这一过程，快速制造原型，然后迅速得到反馈意见并进行修改，从而加快了造型阶段的设计验证。

韩国现代汽车制造公司将 FDM 工艺应用于检验汽车零部件设计、空气动力学评估和产品功能测试等，并将该技术成功应用于起亚 Spectra 车型的设计。

图 1-13 为熔丝堆积成形 FDM 技术的应用实例。

图 1-13　FDM 技术的应用实例

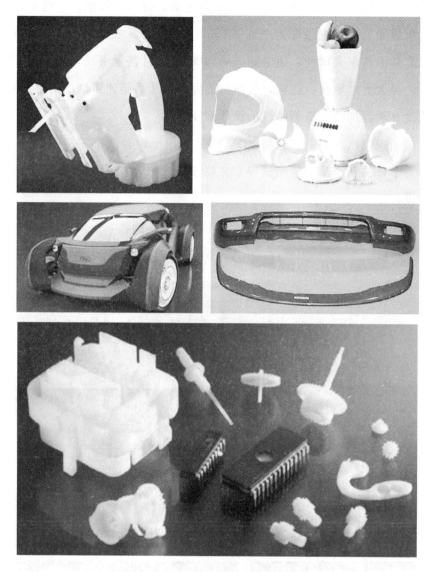

图 1-13　FDM 技术的应用实例（续）

以上几种方法主要用于非金属材料或少量金属材料的 3D 打印，而随着设备对零件要求的提高以及加工技术、计算机技术的发展，金属 3D 打印技术得到了迅速发展。

金属 3D 打印技术作为最前沿和最有潜力的增材制造技术，是 3D 打印技术发展的重要标志，也是未来重要的发展方向。金属 3D 打印技术最大的特点是成形原材料为金属粉末，而熔化金属粉末进行金属零件的打印，需要不一样的技术及工艺。目前可用于金属 3D 打印的方法主要有激光选区熔化成形（Selective Laser Melting，SLM）技术、电子束选区熔化成形（Electron Beam Selective Melting，EBSM）技术、激光工程净成形（Laser Engineered Net Shaping，LENS）技术、三维喷印（Three-dimensional Printing，3DP）技术等。

金属 3D 打印技术在航空航天、武器装备、医疗等高端制造领域具有巨大的应用前景和优势。下面介绍几种常见的金属 3D 打印技术。

1.2.5　激光选区熔化成形技术

激光选区熔化成形（Selective Laser Melting，SLM）技术是 2000 年左右出现的一种新型增材制造技术。它利用高能激光热源将金属粉末完全熔化后快速冷却凝固成形，从而得到高致密度、高精度的金属零部件，其思想来源于 SLS 技术并在其基础上得以发展，克服了 SLS 技术间接制造金属零部件的复杂工艺难题。

1. 激光选区熔化成形技术发展历程

德国弗劳恩霍夫激光技术研究所（Fraunhofer Institute for Laser Technology，FILT）最早深入地探索了激光完全熔化金属粉末的成形技术，得益于计算机的发展及激光器制造技术的逐渐成熟，该研究所于 1995 年首次提出了 SLM 技术。在其技术支持下，德国 EOS 公司于 1995 年年底制造了第一台设备。随后，英国、德国、美国等欧美众多的商业化公司开始生产商业化的 SLM 设备，但早期 SLM 零件的致密度、粗糙度和性能都较差。直到 2000 年以后，随着激光技术的不断发展，光纤激光器成熟制造并引入 SLM 设备，SLM 制件的质量才有了明显的改善。世界上第一台应用光纤激光器的 SLM 设备（SLM-50），由英国 MCP（Mining and Chemical Products Limited）集团管辖的德国 MCP-HEK 分公司 Realizer 于 2003 年年底推出。

SLM 设备的研发涉及光学（激光）、机械、自动化控制及材料等一系列专业知识，目前欧美等发达国家在 SLM 设备的研发及商业化进程上处于世界领先地位。英国 MCP 公司自推出第一台 SLM-50 设备之后，又相继推出了 SLM-100 以及第三代 SLM-250 设备。德国 EOS 公司现在已经成为全球最大同时也是技术最领先的激光粉末烧结增材制造系统的制造商。近年来，EOS 公司的 EOSINT M280 增材制造设备采用了"纤维激光"的新系统，可形成更加精细的激光聚焦点以及很高的激光能量，可以将金属粉末直接烧结而得到最终产品，大大提高了生产效率。美国 3D Systems 公司推出的 sPro 250 SLM 商用 3D 打印机，使用高功率激光器，根据 CAD 数据逐层熔化金属粉末，以创建功能性金属部件。该 3D 打印机能够成形长达 320mm 的工艺金属零件，零件具有出色的表面光洁度、精细的功能性细节与严格的公差。此外，美国的 PHPNEIX、德国的 Concept Laser 公司及日本的 TRUMPF 等公司的 SLM 设备均已商业化，它们之间的差异主要体现在激光器类型与能量、工作台面积、激光光斑大小、铺粉方式、活塞缸及铺粉层厚等方面。除了以上几大公司进行 SLM 设备商业化生产外，国外还有很多高校及科研机构进行 SLM 设备的自主研发，比如比利时鲁汉大学、日本大阪大学等。

国内 SLM 设备与欧美发达国家整体性能相当，但在稳定性方面略微落后。目前，国内 SLM 设备研发单位主要包括华中科技大学、华南理工大学、西北工业大学和中航工业北京航空制造工程研究所等。各科研单位均建立了产业化公司，生产的 SLM 设备在技术上与美国 3D Systems 和德国 EOS 公司的同类产品类似，采用 100～400W 光纤激光器和高速振镜扫描系统，设备成形台面均为 250mm×250mm，最小层厚可达 0.02mm，可成形近乎全致密的金属零件。

2. 典型的 SLM 设备

（1）单激光 SLM 设备

只有一台激光器作为输出能量源，由单激光束扫描成形，其工作模式如图 1-14 所示。

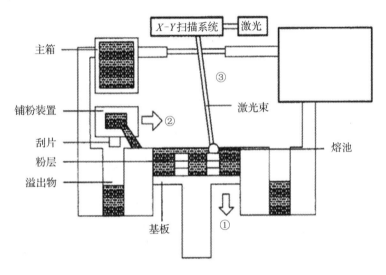

图 1-14　单激光束工作模式

注：①降低成形平面；②垂铺粉末；③制作区域扫描成形。

（2）双激光 SLM 设备

双激光 SLM 设备由两台激光器作为输出能量源，两束激光既可以同时扫描设定区域，也可以分开工作，加工效率显著提升，如图 1-15 所示。

3. SLM 成形工艺流程

SLM 成形工艺流程包括材料的准备、工作腔准备、模型准备、零件加工及零件后处理等步骤。

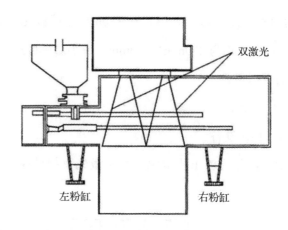

图 1-15　双激光束工作模式

（1）材料的准备

材料的准备包括 SLM 用金属粉末、工作基板以及工具箱等准备工作。SLM 用金属粉末需要满足球形度高、平均粒径为 $20\sim50\mu m$ 的需求，一般采用气雾化的制粉方法进行制备成形，所需粉末应尽量保持在 5kg 以上；工作基板需要根据成形粉末的种类选择相近成分的材料，根据零件的最大截面尺寸选择合适的工作基板，工作基板的加工和定位尺寸需要与设备的工作平台相匹配，并清洁干净，成形用工作基板如图 1-16 所示；准备一套工具箱用于工作基板的紧固和设备的密封。

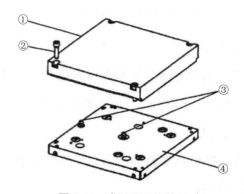

图 1-16　成形用工作基板

注：①工作基板；②紧固螺栓；③定位销；④放置工作基板载体。

（2）工作腔准备

在放入 SLM 用金属粉末前首先需要将工作腔（成形腔）清理干净，包括缸体、腔壁、透镜和铺粉辊/刮刀等，然后将需要接触粉末的地方用脱脂棉和酒精擦拭干净，以保证粉末尽可能不被污染，成形的零件里面要尽可能无杂质，最后将工作基板安装在工作缸上表面并紧固。

（3）模型准备

将 CAD 模型转换成 STL 文件，传输至 SLM 设备 PC 端，在设备配置的工作软件中导入 STL 文件进行切片处理，生成每一层的二维信息。数据传输过程如图 1-17 所示。

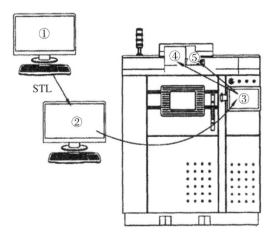

图 1-17　数据传输过程

注：①准备 CAD 数据；②生成工作任务；③传输到机器控制器；④激光偏转头；⑤激光。

（4）零件加工

数据导入完毕，将设备腔门密封，抽真空后通入保护气雾，需要预热的金属粉末设置基底预热温度。将工艺参数输入控制面板，包括激光功率、扫描速度、铺粉层厚、扫描间距及扫描路径等。在加工过程中涉及的工艺参数如下：

① 熔覆道，指激光熔化粉末凝固后形成的熔池，其形貌如图 1-18 所示。

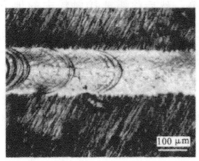 

（a）单道　　　　　　　　　　（b）多道搭接

图 1-18　熔覆道形貌

② 激光功率，指激光器的实际输出功率，输入值不超过激光器的额定功率，单位为 W。

③ 扫描速度，指激光光斑沿扫描轨迹运动的速度，单位为 mm/s。

④ 铺粉层厚，指每一次铺粉前工作缸下降的高度，单位为 mm。

⑤ 扫描间距，指激光扫描相邻两条熔覆道时光斑移动的距离，如图 1-19 所示，单位为 mm。

⑥扫描路径，指激光光斑的移动方式，常见的扫描路径有逐行扫描（每一层沿 X 或 Y 方向交替扫描）、分块扫描（根据设置的方块尺寸将截面信息分成若干个小方块进行扫描）、带状扫描（根据设置的带状尺寸将截面信息分成若干个小长方体进行扫描）、分区扫描（将截面信息分成若干个大小不等的区域进行扫描）、螺旋扫描（激光扫描轨迹呈螺旋状）等。逐行扫描与螺旋扫描路径如图 1-20 所示。

⑦ 扫描边框。粉末熔化、热量传递与累积会导致熔覆道边缘变高，对零件边框进行扫描熔化，可以减小零件成形过程中边缘高度增加带来的影响，扫描边框如图 1-21 所示。

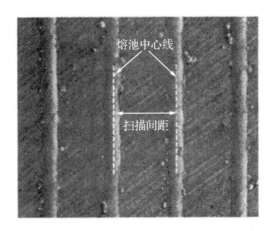

图 1-19　扫描间距

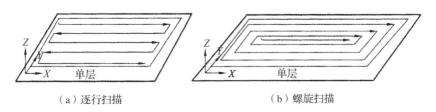

（a）逐行扫描　　　　　　　　　　（b）螺旋扫描

图 1-20　逐行扫描与螺旋扫描路径

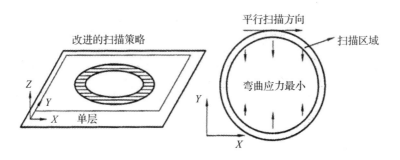

图 1-21　扫描边框

⑧ 搭接率，指相邻两条熔覆道重合的区域宽度占单条熔覆道宽度的比例，直接影响垂直于制造方向的 $X—Y$ 面上的单层粉末成形效果，其示意如图 1-22 所示。

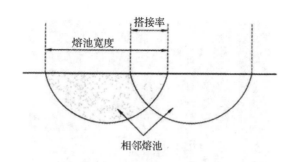

图 1-22 搭接率示意

⑨ 重复扫描。对每层已熔化的区域重新扫描一次，可以提高制件层与层之间冶金结合度，增加表面光洁度。

⑩ 能量密度。分为线能量密度和体能量密度，是用来表征工艺特点的指标。前者指激光功率与扫描速度之比，单位为 J/mm；后者指激光功率与扫描速度、扫描间距和铺粉层厚之比，单位为 J/mm^3。

⑪ 支撑结构。施加在零件悬臂结构、大平面、一定角度下的斜面等位置，可以防止零件局部翘曲与变形，保持加工的稳定性，便于加工完成后去除，如图 1-23 所示。

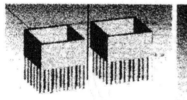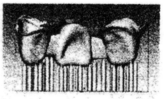

图 1-23 支撑结构

（5）零件后处理

零件加工完毕，首先要进行喷砂或高压气体处理，以去除表面或内部残留的粉末。有支撑结构的零件还要进行机加工支撑去除，最后用乙醇清洗干净。

4. SLM 技术优缺点

SLM 作为增材制造技术的一种，具备了增材制造技术的一般优点，如可制造不受几何形状限制的零部件，缩短产品的开发制造周期，节省材料等。同时，SLM 技术还有其独特的优点，根据前述 SLM 技术工艺原理可知，SLM 成形过程分为升温和冷却两个阶段：当激光停留在金属粉体的某一点时，该区域由于吸收了激光能量，温度骤然上升并超过金属的熔点形成熔池，此时，熔融金属处于液相平衡，金属原子可以自由移动，合金元素均匀分布；当激光移开后，由于热源消失，熔池温度以 10^3K/s 的速度下降。在此快速冷却的过程中，金属原子和合金元素的扩散移动受限，抑制合金晶粒的长大和合金元素的偏析，凝固后的金属组织晶粒细小，合金元素分布均匀，从而大幅提高了材料的强度和韧性。

（1）优点

① 成形材料广泛。从理论上讲，任何金属粉末都可以被高能束的激光束熔化，故只要将金属材料制备成金属粉末，就可以通过 SLM 技术直接成形具有一定功能的金属零部件。

② 晶粒细小，组织均匀。SLM 成形过程中，高能束激光束将金属粉末快速熔化成一个个小的熔池，快速冷却抑制了晶粒的长大及合金元素的偏析，导致金属基体中固溶的合金元素无法析出而均匀地分布在基体中，从而获得晶粒细小、组织均匀的微观结构。

③ 力学性能优异。金属制件的力学性能是由其内部组织决定的，晶粒越细小，其综合力学性能一般就越好。相比铸造、锻造而言，SLM 制件是利用高能束的激光选择性地熔化金属粉末，其激光光斑小、能量高，制件内部缺陷少。制件的内部组织是在快速熔化/凝固的条件下形成的，显微组织往往具有晶粒尺寸小、组织细化、增强相弥散分布等优点，从而使制件表现出特别优良的综合力学性能，通常情况下其大部分

力学性能指标都优于同种材质的锻件性能。以制造的 316L 不锈钢材料为例，其最高拉伸强度达到 1100MPa，远远高于 316L 不锈钢锻件的水平。

④ 致密度高。SLM 成形过程中金属粉末被完全熔化而达到一个液态平衡，能够最大限度地排除气孔、夹杂等缺陷，快速冷却能够将这一平衡保持到固相，这大大提高了金属部件的致密度，理论上可以达到全致密。

⑤ 成形精度高。激光束光斑直径小，能量密度高，全程由计算机系统控制成形路径，成形制件尺寸精度高、表面粗糙度低，只需经过简单的后处理就可直接使用。

（2）缺点

尽管 SLM 成形技术近年来发展迅速，软硬件设计、材料与工艺研究等方面都有了长足的进步，获得了良好的应用效果，但其自身还存在一些缺点和不足，主要体现在如下几个方面：

① SLM 成形过程中的冶金缺陷。如球化效应、翘曲变形以及裂纹缺陷严重，限制了高质量金属零部件的成形，需要进一步优化工艺方案。

② 可成形零件的尺寸有限。目前成形大尺寸零件的工艺还不成熟。

③ SLM 技术工艺参数复杂。现有的技术对 SLM 的作用机理研究还不够深入，需要长期摸索。

5.SLM 成形技术的应用

SLM 成形技术是目前用于金属增材制造的主要工艺之一。粉末冶金工艺以及高能束微细激光束使其较其他工艺在成形复杂结构、零件精度、表面质量等方面更具优势，在整体化航空航天复杂零件、个性化生物医疗器件以及具有复杂内流道的模具镶块等领域具有广泛的应用前景。

（1）多孔轻量化结构

SLM 成形技术能实现传统方法无法制造的多孔轻量化结构成形。传统制造多孔结构的方法有铸造法、气相沉积法、喷涂法和粉末烧结法等。其中，铸造法多孔孔形无法控制，外界影响因素大；气相沉积法沉积速度慢，且成本高；喷涂法工序复杂，且需致密基体；粉末烧结法容易产生裂纹，影响力学性能。

与传统工艺相比，SLM 面向不同领域，可以实现复杂多孔结构的精确可控成形。SLM 成形多孔轻量化结构的材料主要有钛合金、不锈钢、钴铬合金及纯钛等，根据材料的不同，SLM 的最优成形工艺也有所变化。图 1-24 展示了 SLM 制造的复杂空间多孔零件。

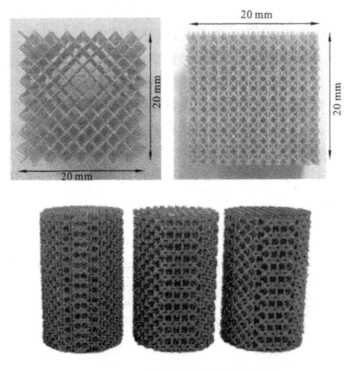

图 1-24　SLM 制造的复杂空间多孔零件

（2）个性化植入体

人体组织修复体往往还需个性化外形结构，金属烤瓷修复体（烤瓷熔附金属修复体，Porcelain Fused to Metal，PFM）具有金属的强度和陶瓷的美观，可再现自然牙齿的形态和色泽。Co-Cr 合金凭借其优异的生物相容性和良好的力学性能，广泛用于修复牙体、牙列的缺损或缺失。以前通常采用铸造法制造 Co-Cr 合金牙齿修复体，但由于体积小，且需单件制造，导致材料浪费问题严重，而铸件缺陷也极大地影响合格率。SLM 技术近年来开始用于口腔修复体制造，用其制造的义齿金属烤瓷修复体已获临床应用。图 1-25 为 SLM 个性化临床应用，如 Co-Cr 合金牙冠、正畸托槽等。

图 1-25　SLM 个性化临床应用

图 1-26 为 SLM 制造的个性化多孔结构骨植入体，采用 SLM 技术，可以大大缩短包括口腔植入体在内的各类人体金属植入体和代用器官的制造周期，并且可以针对个体情况进行个性化优化设计，大大缩短手术周期，提高人们的生活质量。

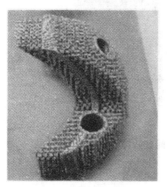

（a）臀部植入骨　　　　　（b）膝部胫骨干　　　　　（c）股骨髋部

图 1-26　SLM 制造的个性化多孔结构骨植入体

（3）模具制造

模具在汽车、医疗器械、电子产品及航空航天领域的应用十分广泛，例如，汽车覆盖件全部采用冲压模具，内饰塑料件采用注塑模具，发动机铸件铸型需模具成形等。模具功能多样化带来了模具结构的复杂化，例如，飞机叶片等零件由于受长期高温作用，往往需要在零件内部设计随形复杂冷却流道，以提高其使用寿命。直流道与型腔几何形状匹配性差，会导致温度场不均，易引起制件变形，并降低模具寿命，而使冷却水道的布置与型腔几何形状基本一致，则可提升温度场均匀性，但异形水道传统机加工难以实现甚至无法实现，SLM 逐层堆积成形的特点，使其在制造复杂模具结构方面较传统工艺具有明显优势，可实现复杂冷却流道的增材制造。SLM 主要采用的材料有 S136、420 和 H13 等模具钢系列，图 1-27 为 SLM 成形的复杂模具，如随形冷却流道模具。

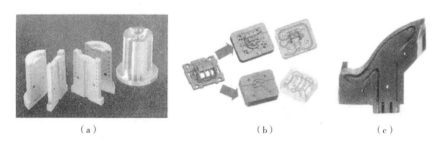

（a）　　　　　　　（b）　　　　　　　（c）

图 1-27　SLM 成形的复杂模具

（4）复杂整体结构

钛合金、镍基高温合金等材料适应高强度、高温服役等应用条件，在航空航天等领域应用广泛，但这些材料面临着难切削、锻造和铸造工艺复杂的突出问题。SLM 属于一种非接触式加工方法，利用高能激光束局部熔化粉末，避免了极限压力和温度等苛刻的成形条件。目前，SLM 已可制造多种类钛合金（如 Ti6Al4V、Ti55）和镍基高温合金（如 Ni718、Ni625）。美国宇航局（NASA）马歇尔太空飞行中心成形了整体结构的高温合金火箭喷嘴零件，其过程耗时 40 h，显著节省了时间和成本。美国著名火箭发动机制造公司 Pratt & Whitely Rocketdyne 就以 SLM 技术为基础，对火箭发动机及飞行器中的关键构件、现有制造技术进行了全面重新评估。美国通用电气公司（GE）和英国劳斯莱斯（Rolls-Royce）公司也非常重视 SLM 成形技术，并利用其完成了高温合金整体涡轮盘、发动机燃烧室和喷气涡流器等关键零部件的制造。图 1-28 为 SLM 制造的复杂整体结构零件。

（a）TiAl 叶片

（b）高温合金火焰筒外壁

（c）Ti6Al4V 薄壁框架结构

（d）Ni625 整体涡轮盘

图 1-28　SLM 制造的复杂整体结构零件

（5）免组装结构

SLM 技术已开始在金属构件的创新设计方面发挥重要作用。SLM 可以制造很多传统加工方法难以或无法制造的结构，这使得实现功能性优先的免组装结构设计及最优化设计成为可能。免组装结构是一次性制造出来的，但是相互运动的零件仍然通过运动副连接，仍然存在运动属性的约束，需要保证成形后的运动副能够满足结构的运动要求。运动副的间隙特征，对免组装结构的性能有直接影响。间隙尺寸设计过大，会增大离心惯力，导致结构运动不平稳；间隙尺寸设计过小，则会导致成形后的间隙特征模糊，间隙表面粗糙，影响结构的运动性能。因此，SLM 直接成形免组装结构的关键问题就是运动副的间隙特征成形。图 1-29 为 SLM 制造的免组装结构，如折叠算盘、平面连杆机构、万向节及自行车模型等。

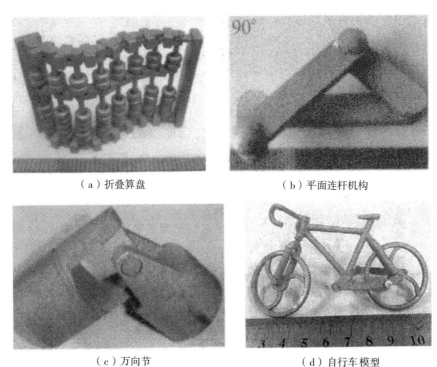

（a）折叠算盘　　　　　　　　　　（b）平面连杆机构

（c）万向节　　　　　　　　　　　（d）自行车模型

图 1-29　SLM 制造的免组装结构

1.2.6　电子束选区熔化成形技术

电子束选区熔化成形（Electron Beam Selective Melting，EBSM；或

简称 Electron Beam Melting，EBM）技术，是 20 世纪 90 年代中期发展起来的一类新型增材制造技术。它利用高能电子束作为热源，在真空条件下将金属粉末完全熔化后快速冷却并凝固成形，具有能量利用率高、扫描速度快、功率密度高、残余应力低、无反射、无污染等优点。

1. 电子束选区熔化成形技术发展历程

相对于激光及等离子束增材制造技术，EBSM 技术出现较晚，它经历了下面几个阶段的发展历程。

第一阶段：设想阶段。最早将电子束作为能量源熔化金属并进行增材制造的设想，是由美国麻省理工学院在 1995 年提出的。

第二阶段：原型机阶段。2001 年，瑞典 Arcam AB 公司成功地在粉末机床上将电子束作为能量源实现了 3D 打印，并在 2002 年制造出了 EB-SM 技术原型机 Beta 机器。

第三阶段：成熟阶段。Arcam AB 公司自 2003 年推出全球第一台真正意义上的商品化 EBSM 设备 EBM-S12 后，又陆续推出了 A1、A2、A2X、A2XX、Q10、Q20 等不同型号的 EBSM 设备。目前，Arcam AB 公司商品化 EBSM 成形设备最大成形尺寸为 $200mm \times 200mm \times 350mm$ 或 $\Phi 350mm \times 380mm$，铺粉厚度从 $100\mu m$ 减小至现在的 $50 \sim 70\mu m$，电子枪功率为 $3kW$，电子束聚焦尺寸为 $200\mu m$，最大跳扫速度为 $8000m/s$，熔化扫描速度为 $10 \sim 100m/s$，零件成形精度为 $\pm 0.3mm$。

除瑞典 Arcam AB 公司外，世界各国都开始了 EBSM 成形装备的研制，其中成果比较突出的是德国奥格斯堡 IWB 应用中心和我国清华大学、西北有色金属研究院、上海交通大学等。2004 年，清华大学申请了我国最早的 EBSM 成形装备专利 200410009948.X，并在传统电子束焊机的基础上开发出了国内第一台实验室用 EBSM 成形装备，最大成形尺寸为 $\Phi 150mm \times 100mm$。2007 年，针对钛合金的 EBSM-250 成形装备研制成功，最大成形尺寸为 230mm×230mm×250mm，层厚为 100～300μm，功率为 3kW，束斑尺寸为 200μm，熔化扫描速度为 10～100m/s，零件成形精度为±1mm。随后，清华大学开发了拥有自主知识产权的试验用 EBSM 装备 EBSMS1，铺粉厚度在 50～200μm 可调，功率为 3kW，斑点尺寸为 200μm，跳扫速度为 8000m/s，熔化扫描速度为 10～100m/s，成形精度为±1mm。

EBSM 设备的研发涉及光学（电子束）、机械、自动化控制及材料等一系列专业知识，目前世界上只有瑞典 Arcam AB 公司成功推出了 EBSM 的商业化设备，国内外各高校或科研院所虽然对 EBSM 技术也进行了深入的研发，但仍没有推出成熟的商业化 EBSM 设备。

2. 电子束选区熔化成形技术加工原理

电子束选区熔化成形技术利用电子束高能量的特点，将能量转化成热能熔化金属粉末，然后迅速冷却凝固成形。该过程利用电子束与粉体之间的相互作用，包括能量传递、物态变化等一系列物理化学过程。

下面以瑞典 Arcam AB 公司 A1 型电子束选区熔化成形设备为例，说明一下电子束选区熔化成形技术的加工原理。

图 1-30 为 Arcam AB 公司 A1 型电子束选区熔化成形设备示意。设备由电子枪、聚焦透镜、反射板、供粉缸、铺粉耙、制件实体和成形基板组成。由图可知，EBSM 成形过程可概括为以下几个步骤。

第一步：设备抽真空后，将成形基板平铺放置，利用铺粉耙将供粉缸中的金属粉末均匀地铺放在成形基板上，形成第一层金属粉末。

第二步：电子枪发射高能电子束，经过聚焦透镜和反射板加速，在真空环境下电子束可加速到 160km/s，从而具有极高的能量，如此高能量的电子束投射到粉末层上后，可迅速转化成热能熔化金属粉末，待冷却凝固后即形成第一层金属实体。当然，电子束的发射路线是计算机根据 CAD 模型数据精确控制的。

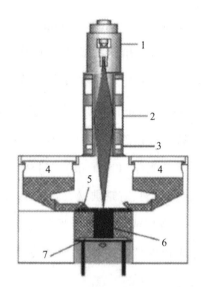

图 1-30 A1 型电子束选区熔化成形设备示意

注：1—电子枪；2—聚焦透镜；3—反射板；4—供粉缸；5—铺粉耙；6—制件实体；7—成形基板。

第三步：形成第一层金属实体后，活塞下降一定距离（一个切片层的厚度），供粉缸活塞上升相同距离，铺粉耙将供粉缸的粉末铺放在第一层金属实体上，形成第二层金属粉末并铺平压实，计算机再次根据零件CAD 信息控制电子束扫描烧结第二层金属粉末，待冷却凝固后，形成第二层金属实体，并且与第一层牢固地黏结在一起。如此反复，逐层叠加，直至打印出所需的实体零件。

在零件成形过程中，成形腔内保持真空度，主要有两个作用：第一，电子束只有在真空环境下才能获得高速度，从而具有高能量；第二，保护使金属稳定的化学成分，避免金属在高温下氧化。

3. 电子束选区熔化成形技术的优缺点

（1）优点

① 可成形各种难熔化材料。电子束的能量利用率高，能成形难熔材料，且成形制件的致密度比激光选区熔化成形加工度高，机械性能更好。

② 更加环保。EBSM 成形在真空环境下进行，产品成分更加纯净，性能有保证，且无污染，属于绿色加工。

③ 零件热应力小。因为电子束在电磁作用下偏转扫描没有惯性，所以可以在加工前进行高速扫描预热，这样加工出来的零件热应力小，性能更好。

④ 成形效率高。电子束可以在整个面内实现多束同时扫描加工，所以速度更快、成形效率更高。

（2）缺点

尽管 EBSM 技术有许多优点，且近年来在工艺与材料的研究、软硬件的提升上都取得了很大的进步，但仍存在一定的不足，主要有以下几个方面：

① 成本较高。因为 EBSM 加工需要在真空环境下进行，设备需要保证严格的真空环境，所以成本较高。

② 精度和表面质量不太理想。电子束的聚焦效果不如激光，导致打印出来的零件精度及表面质量不是很理想。

③ 存在"粉末溃散"现象。"粉末溃散"现象是由于电子束具有较大动能，在电子高速轰击金属原子使之加热、升温的同时，也会"推动"粉末微粒产生运动，从而粉末颗粒会被电子束"推动"，形成"溃散"现象。目前，防止"粉末溃散"的方法主要有降低粉末的流动性、优化电子束扫描、预热粉末和预热成形基板等。

④ 电子束选区熔化成形过程中的冶金缺陷。如"吹风"现象、球化效应、翘曲变形以及裂纹缺陷严重等，限制了高质量金属零部件的成形，需要进一步优化工艺。

⑤ 可成形零件的尺寸有限。目前成形大尺寸零件的工艺还不成熟。

⑥ 工艺参数复杂。现有的技术对 EBSM 的作用机理研究还不够深入，需要长期摸索。

⑦ 电子束选区熔化成形技术和设备为国外垄断。设备成本高，设备

系统的可靠性、稳定性还不能完全满足要求，从而限制了 EBSM 技术的进一步推广和应用。

4. 电子束选区熔化成形技术的典型应用

EBSM 技术是目前用于金属增材制造的主要工艺之一。粉床工艺以及高能束微细激光束，使其较其他工艺在成形复杂结构、零件精度、表面质量等方面更具优势，在整体化航空航天复杂零件以及个性化生物医疗器件等领域具有广阔的应用前景。

目前，最适合应用增材制造技术的领域主要包括医疗（生物特征、个性化需求）、航空航天（高复杂度结构、极小批量）、工业品的原型制作（极小批量、对导入快速性要求高）、小批量模具制作等。图 1-31 为 Arcam AB 公司利用 EBSM 技术制造的髋臼杯，图 1-32 为 EBSM 技术制造的骨骼修复体，图 1-33 为 EBSM 技术成形的航空发动机叶轮与尾椎。

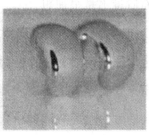

图 1-31　Arcam AB 公司利用 EBSM 技术制造的髋臼杯

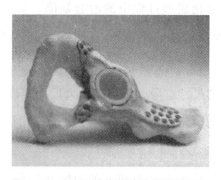

图 1-32　EBSM 技术制造的骨骼修复体

图 1-33　EBSM 技术成形的航空发动机叶轮与尾椎

1.2.7　激光工程净成形技术

激光工程净成形（Laser Engineered Net Shaping，LENS）技术是在激光熔覆工艺基础上产生的一种激光增材制造技术。

1. 激光工程净成形技术的发展历程

激光工程净成形思想最早是由美国 Sandia 国立实验室首先提出的。20 世纪 80 年代末，在美国能源部的资助下，Sandia 国立实验室、Los-Alamos 国家实验室和 Michigan 大学率先展开了金属零件直接成形技术的相关研究。20 世纪 90 年代初，随着计算机技术的飞速发展、AM 技术的不断成熟，LENS 技术成为激光加工领域的研究热点，进入高速发展时期。

1996 年，美国 Sandia 国立实验室与美国联合技术公司联合开发了 LENS 工艺。Sandia 国立实验室对多种合金材料的成形工艺进行了研究，成功制造了各种合金零件，致密度接近 100%，性能高于传统方法，达到锻件水平。同时，通过对控制软件的不断改进，有效提高了该技术的成形精度，表面粗糙度达 $6.25\mu m$，LENS 技术成形的金属零件如图 1-34 所示。

图 1-34　LENS 技术成形的金属零件

　　1998 年，美国 Optomec Design 公司推出了商品化激光工程净成形制造系统 LENS-750 及其复合制造系统。美国 AeroMat 公司基于 LENS 的原理，研究了激光金属直接成形钛合金（Ti6Al4V）工艺，为了提高成形效率，采用了高功率 CO_2 激光器（14kW 和 18kW），使得该工艺用于较大体积零件的制造成为可能，该公司制造的零件力学性能满足 ASTM（美国实验与材料协会）标准，已有多种钛合金零件获准航空使用，如图 1-35 所示。

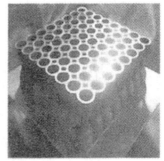

图 1-35　美国 AeroMat 公司成形航空复杂钛合金零件

　　LENS 技术可应用于复杂零件的尺寸修复，如图 1-36 所示。

图 1-36 LENS 技术涡轮修复

国内在激光工程净成形技术方面的研究起步稍晚。1997 年，西北工业大学凝固技术国家重点实验室提出了金属材料的激光立体成形技术思想，并开展了前期探索性研究。1997 年，在航空科学基金重点项目的资助下，西北工业大学联合中航工业北京航空制造工程研究所进行了 LENS 系统的研究，针对镍基高温合金、不锈钢、钛合金等材料的成形工艺、微观组织、残余应力问题进行了大量实验研究和理论分析，并制造了一系列复杂结构零件，如图 1-37 所示。

图 1-37 LENS 工艺成形零件

清华大学激光加工研究中心利用红外探头实时检测成形过程、熔覆层高度，通过反馈调整送粉器，实现了熔覆层高度的闭环控制，提高了制造精度，保证了成形过程的稳定性。此外，北京航空航天大学、西安交通大学、南京航空航天大学、华中科技大学、天津工业大学、苏州大学等研究单位，也展开了 LENS 技术相关研究。

2. 激光工程净成形技术的原理

LENS 技术是以激光作为热源，以预置或同步送粉（丝）为成形材料，在 AM 技术的基础上融合激光熔覆技术而形成的先进制造技术。该技术集计算机技术、数控技术、激光熔覆技术、增材制造技术、材料科学技术于一体，在无须模具的情况下，可加工出不受材料限制、致密度高、力学性能优良的金属零件。其成形原理如图 1-38 所示。

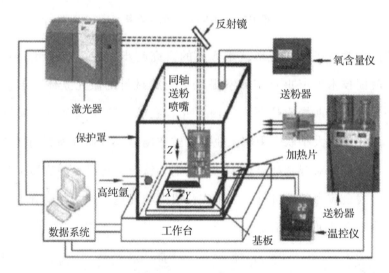

图 1-38　LENS 成形原理

先由计算机用反求技术生成零件的三维 CAD 数据模型，然后对三维 CAD 数据模型进行切片处理，使复杂的三维模型分解成许多简单的二维平面，对切片后的二维平面进行数据处理并加入合适的加工参数，最后将其转化为打印设备能识别的 STL 文件，以此来驱动激光工作头和工作台运动。金属粉末通过送粉装置和喷嘴送到激光所形成的熔池，熔化的金属粉末冷却凝固后沉积在基体表面形成沉积层，在激光头和工作台的共同作用下，激光束相对金属基体做平面扫描运动，在金属基体上按预定的扫描路径熔覆出连续金属带，成形一层后工作台在垂直方向下降一个高度，进入下一个工作循环，成形后续层。如此循环，最后打印出整个金属零件。

3. 激光工程净成形技术的优缺点

（1）优点

① 可直接制造结构复杂的金属功能零件或模具。特别适于成形垂直或接近垂直的薄壁类零件。

② 可加工材料多样。LENS 可加工的金属材料范围广泛并能实现异质材料零件的制造，可用于多种金属材料的成形，并可实现非均质、梯度材料的零件制造。

③ 能加工熔点高的材料。LENS 与 SLM 不同的是，金属粉末的加热主要是在喷嘴中进行的，也就是说，金属粉末在喷嘴中就已处于加热熔融状态，加热稳定，效果好，所以特别适合于高熔点金属的加工。

④ 制件力学性能好，几乎可达完全致密。金属粉末在高能激光作用下快速熔化并凝固，显微组织细小且均匀，因此具有良好的力学性能。同时，由于金属粉末完全熔化再凝固，组织几乎完全致密。

⑤ 可对零件进行修复和再制造，延长零件的生命周期。LENS 成形的位置并不像 SLM 那样局限在基板之上，它拥有更大的灵活性，因此可以在任意复杂曲面上进行金属材料堆积，从而可以实现对零件的修复，弥补零件出现的缺陷，延长零件的生命周期。

（2）缺点

LENS 制件容易产生裂纹。成分、微观结构的不可控及残余应力的形成，是 LENS 技术面临的主要难题。

① LENS 过程中的冶金缺陷。体积收缩过大和粉末爆炸迸飞、微观

裂纹、成分偏析、残余应力缺陷严重影响着零件的质量，限制了其使用。

② 精度低。LENS 技术因为需要激光加热，所以一般使用的都是大功率（千瓦级）的激光器，激光聚焦光斑较大，且大部分系统都采用开环控制。LENS 虽然可以得到冶金结合的致密金属实体，但加工零件的尺寸精度和表面质量都不是太好，需进一步后置处理才能满足使用要求。

③ 形状及结构限制。LENS 在制件的某些部位如边、角的制造方面存在不足，难以加工出精度高、表面质量好、垂直度好的零件；制造悬臂类零件存在很大困难，制造较大体积的实体类零件也存在一定难度；采用 LENS 工艺加工复杂弯曲金属零件时必须设置支撑部分，这不但增加了制造成本，也给后续加工带来麻烦。

④ 粉末限制。目前所使用的金属粉末多为特制粉末，通用性较低且价格昂贵。

4. 激光工程净成形技术的典型应用

(1) 快速模具制造

LENS 技术为快速模具制造业引进了一个新的设计概念——随形冷却流道（Conformal Cooling Channel，CCC），它是指在模具内部根据模芯和型腔形状设计出复杂的冷却液通道，从而改善模具的冷却效果。随形冷却流道完全处于零件内部且形状复杂，用传统的加工方法很难加工，但使用 LENS 技术就很容易实现。实践证明，随形冷却流道可以显著改善模具的散热效果，延长模具使用寿命，而且可以将模具的单件成形时间缩短10%～40%，缩短模具制造时间（可节省 40% 左右时间），实现模具快速制造。

图 1-39 为采用 LENS 技术制造的具有随形冷却流道的金属模具。其中的三角形孔洞即随形冷却流道，一个进，一个出，从图中可以看出，流道贯穿了整个零件内部，在模具浇铸过程中可显著改善传热效率。

图 1-39　LENS 技术制造的具有随形冷却流道的金属模具

（2）高精复杂零件的快速制造和修复

LENS 技术吸引了众多全球知名的航空航天制造公司参与研究并积极应用，如 Lockheed Martin、Pratt & Whitney、Boeing、GE、Rolls-Royce、MTS 等，其中，MTS 公司旗下的 AeroMat 是目前将 LENS 技术实际应用到航空领域最成功的例子，它们采用 LENS 技术制造 F/A-18E/F 战斗机钛合金机翼件，可以使生产周期缩短 75%，成本节约 20%，生产 400 架飞机即可节约 5000 万美元。LENS 技术可以实现化零为整，将以前由几百个零部件组成的结构整合成单件结构，减小了大量的拼装零件及拼装环节，改善了结构完整性，减轻了重量，以前需要几个月才能完成的工作，现在 1～2 周即可完成。LENS 还可大大地简化加工过程和加工环节，对于某些复杂零部件，如果采用传统加工方法，光是生产专用夹具或准备加工工具就需要两年时间，订购钛合金板材需要一年半时间，而采用 LENS 技术后只需几十个小时。图 1-40 为 LENS 技术制造的薄壁复杂零件。

图 1-40　LENS 技术制造的薄壁复杂零件

LENS 技术除了应用于航空零件的制造外，还可应用在维修上。因为维修可以看成集中于表面和局部的重新制造过程，所以现代维修也被称为再制造。LENS 技术可以在原有损伤零件上直接成形、再制造，实现零件的修复。英国伯明翰大学研究用 LENS 技术为 Rolls-Royce 公司修复 Trent 500 航空发动机密封圈，如图 1-41 所示，该零件的修复难点在于需要在密封圈上制造出壁厚为 0.3mm、高为 3mm 的蜂窝状单晶花样，这用传统方法几乎是不可能实现的，只能换新，英国伯明翰大学使用 LENS 技术仅耗时约 30 分钟便成功实现了。

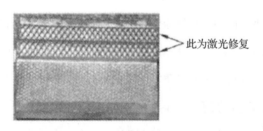

此为激光修复

图 1-41　LENS 技术修复 Trent 500 航空发动机密封圈

由于 LENS 技术在维修领域展现出巨大的发展潜力，因此美国军方 ManTech 计划的 LENS 技术研究重点已从制造转向维修，第二阶段研究的内容就是"坦克、舰船和飞机零部件的维修"，其中参与飞机零部件维修研究的单位有 Jacksonville 海军航空基地、Rolls-Royce 公司和 Lockheed Martin 公司。

（3）梯度功能材料的设计与制造

梯度功能材料（Functionally Gradient Materials，FGM）是一种非均匀复合材料，其组织及性能在空间呈连续梯度分布，属于一种先进材料。这种材料利用传统方法很难制造出来，使用 LENS 则很容易实现，因为 LENS 技术是将金属粉末投射到激光熔池沉积成形，可以通过改变金属粉末成分、激光扫描路径来改变零件各部位的成分及结构，从而获得具有所需性能的 FGM。

图 1-42 为 LENS 工艺制造的具有负的热膨胀系数（Coefficients of Thermal Expansion，CTE）的 Ni-Cr 合金零件，该零件通过理论计算并设计成如图 1-42（a）所示的阵列花样，其中浅色部位材料的热膨胀系数比深色部位材料的热膨胀系数大。随着温度的升高，阵列中每个单元都将因热膨胀而向中心的中空部分变形收缩，从而使整个零件在效果上成为一个具有负的热膨胀系数的零件。为保证零件的强度，浅色与深色区域的两种材料在结合处存在一定的成分过渡，当两区域材料分别选用 Ni 和 Cr（Ni、Cr 两者的热膨胀系数分别为 $13 \times 10^{-6} \mathrm{K}^{-1}$ 和 $6 \times 10^{-6} \mathrm{K}^{-1}$）以后，制造的零件如图 1-42（b）所示，测量所得的热膨胀系数为 $-3.9 \times 10^{-6} \mathrm{K}^{-1}$，非常接近设计值 $-4 \times 10^{-6} \mathrm{K}^{-1}$。

 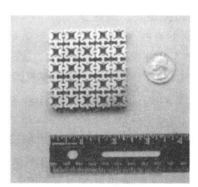

（a）具有CTE的理论花样　　　　（b）根据理论花样制造的 Ni-Cr 合金零件

图 1-42　LENS 工艺制造的具有负的热膨胀系数的 Ni-Cr 合金零件

1.2.8　三维喷印技术

三维喷印（Three-dimensional Printing，3DP）技术，又称微喷射黏结（Binder Jetting，BJ）技术。它具有多年的发展历史，被誉为最具生命力的增材制造技术。该技术基于微滴喷射原理，利用喷头选择性喷射液体黏结剂，将离散粉末材料逐层按路径打印（堆积）成形，从而获得所需制件。

1. 三维喷印技术的发展历程

三维喷印技术的出现改变了传统的设计模式，使传统的概念设计转变成了当下流行的实体模型设计。最早的三维喷印技术思路由美国 Z Corporation 公司提出，并于 1995 年申请了专利，随后陆续推出了各系列的三维喷印设备。2000 年，Z Corporation 公司推出了多喷头彩色打印设备 Z402C，该设备可以打印 8 种不同色调的产品。同时，Z Corporation 公司与日本 Riken Institute 公司于同年研制出基于喷墨打印技术的，能够做出的彩色制件更为精确、色彩更为丰富的三维打印设备，其合作生产的 Z400、Z406 及 Z810 等系列设备，均是基于喷射黏结剂黏结粉末工艺的三维喷印技术。以色列的 OBJECT Geometries 公司也于 2000 年推出了喷墨技术与光固化技术相结合的三维打印机 Quadra，该设备所有喷头共含 1536 个喷嘴孔，每层最小厚度可达 0.02mm，具有较高的成形精度。

进入 21 世纪以来，三维喷印技术在国外得到了更为迅猛的发展。2004 年，3D Systems 公司推出了光固化三维打印机，以光敏树脂为成形材料，以蜡为支撑材料，可打印出精度高、表面质量好的产品。2010 年，Z Corporation 公司又推出了清晰度更高的 Z510 彩色三维打印机，分辨率达到 600dpi×540dpi，可使用全色 24 位调色板制造部件，采用 4 个喷墨打印头，打印速度更快，达到两层/分钟。Sanders Design International 公司推出的 Rapid Tool Maker，采用热熔塑料为成形材料，以蜡为支撑材料，最大可打印零件尺寸长 90cm、宽 30cm、高 30cm，成形精度可达 $5\mu m \times 5\mu m \times 3\mu m$，可制造尺寸大、重量轻的各类模具。近年来，美国 Exone 公司和德国 Voxeljet 公司已推出多款商业化的三维喷印设备及相应的材料体系，在模具、砂型铸造、熔模铸造等方面逐步应用。其中，德国 Voxeljet 公司在 2011 年推出了世界上最大的三维喷印成形设备 VX4000，其成形尺寸可达 4m×2m×1m，打印喷头有多达 26560 个喷嘴孔，分辨率为 600dpi×600dpi，具有较快的成形速度，达 15.4mm/h。

三维喷印技术在国外的航空航天、工业设计、建筑业、汽车制造、家电生产、医疗等领域已得到较为广泛的应用。目前，我国三维喷印设备的设计与生产还处于初级阶段。国内关于三维喷印技术的研究开始于 2005 年，国内一些知名大学如清华大学、同济大学、华南理工大学、西安科技大学、华中科技大学等正在积极研究。到目前为止，国内出现的相关设备大都是为了满足研究所需的原型机。其中，基于三维喷印技术的无模铸造工艺（PCM）系列设备，在铸造领域已实现商业化。随着国内对设备和材料研究的不断深入及国外设备的引进等，三维喷印技术在国内的应用将越来越广泛。

当前三维喷印技术的发展和应用趋势如下：

一是可应用于多种材料，包括金属、陶瓷、塑料、复合材料等；

二是从快速原型、工艺辅助等间接制造向零件直接制造转变；

三是多学科交叉融合发展，应用领域不断扩大，包括航空航天、机械、生物、电子源等领域；

四是设备向产品化、系列化和专业化方向发展，当前世界知名的 3D 打印服务提供商有 10 多家，它们提供了 100 多个系列的 3D 打印产品。

2. 三维喷印技术的成形原理

三维喷印技术的工作原理如图 1-43 所示，先利用实物扫描或计算机建模技术获得零件的三维数据模型，然后将三维 CAD 数据模型在高度方向上按照一定的厚度进行切片处理，将三维 CAD 信息转化为二维层片信息并生产设备能识别的 STL 等文件，成形设备根据各层的轮廓信息，利用喷头在粉床的表面运动将液滴选择性喷射在粉末表面，将部分粉末黏结起来，形成当前层截面轮廓，逐层循环，层与层之间也通过黏结溶液的黏结作用相固连，直至三维模型打印完成，未黏结的粉末对上层成形材料起支撑作用，同时成形完成后也可以被回收再利用。黏结成形的制件经后处理工序强化，形成与计算机设计数据相匹配的三维实体模型。

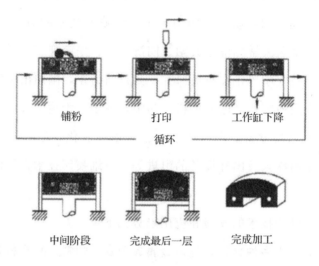

图 1-43 三维喷印技术的工作原理

三维喷印技术是通过打印喷头喷射液体黏结剂将粉末固化成形的，该过程完成液滴与粉体之间的相互作用，包括液滴对粉末表面的润湿、液滴对粉末表面的冲击、液滴的毛细渗透和固化等。

3. 三维喷印技术的优缺点

（1）优点

三维喷印技术与传统的 SLA、LOM、SLS、SLM 等增材制造技术不同，它不是用激光系统作为能源，而是采用喷头喷射液滴逐层成形，具有以下优点：

① 成本低。因为三维喷印是采用喷头喷射液滴逐层成形的，所以不需要昂贵、复杂的激光系统，从而大大降低了成本。通过技术改进，可实现喷头结构高度集成化，结构紧凑，便于实现小型化，提高了便携性。

② 材料类型广泛，成形过程无须支撑。三维喷印技术能打印的材料

较多，如热塑性材料，金属、石膏、陶瓷、淀粉等复合材料。工作缸中以粉末材料作为支撑，无须再设计支撑。

③ 运行成本低。三维喷印喷头平时的维护、保养简单，工作消耗能源少，所以整体运行成本低且运行可靠。

④ 成形效率高。三维喷印技术使用时喷头喷出的液滴具有一定宽度，属于带工作源，相较于激光、电子束等高能束光斑等点工作源，具有较高的成形速度。

⑤ 可实现多彩色制造。三维喷印技术可以通过在黏结液中加入色素的方式，按照三原色着色法在成形过程中对成形材料进行上色，以达到直接彩色打印的效果。

（2）缺点

尽管三维喷印技术近年来发展迅速，材料与工艺研究、成形设备等都有了长足的进步，但其工艺本身还存在一些缺点和不足，主要体现在如下几个方面：

① 三维喷印成形初始件的强度较低。三维喷印成形初始件的孔隙率较大，使得初始件强度较低，常需要进行后置处理以得到足够的机械强度，但也可利用这个特点制备多孔功能材料。

② 成形精度不如激光设备。三维喷印技术采用喷墨打印技术，液体黏结剂在沉积到粉末上后常会出现过度渗透等现象，导致成形制件尺寸精度不高及表面粗糙等。

③ 打印喷头易堵塞。打印喷头容易受液体黏结剂稳定性的影响产生堵塞，使得设备的可靠性、稳定性降低，喷头的频繁更换又会增加设备使用成本。因此，在上机实验前一定要做大量的实验，以确保液体黏结剂的适用性。

4. 三维喷印技术的典型应用

三维喷印技术应用也十分广泛，下面主要介绍其在原型制作、快速制模、功能部件制造、医学领域的应用。

（1）原型制作

三维喷印技术可以用于产品原型的制作。设计师设计出产品后一般要做出样品以进行鉴定及检验，而传统的样品制作既费时又费力，采用三维喷印技术，则可以快速制作出原型，以进行设计验证及样品测试，从而大大提高设计效率。除了一般工业模型，三维喷印还可以成形彩色模型，特别适用于生物模型、产品设计、建筑模型、有限元分析及艺术创意等。此外，在彩色原型制造过程中，可以使用不同的颜色来表现三维空间内的温度、应力分布情况，这对于有限元分析能起到很好的辅助作用。

（2）快速制模

三维喷印技术可以用来制造模具，包括直接制造砂模、熔模以及模具母模等。采用传统方式制造模具，需要事先人工制模，而这个过程耗时占整个模具制作周期的 70%。采用三维喷印技术，可以实现铸造用砂模、蜡模、母模的无模成形，从而缩短生产周期、减少成本，制造出形状复杂、精度高的模具。图 1-44 展示了 Voxeljet 公司采用三维喷印技术制造的砂模及蜡模。3DP 技术也可直接制作出具有随形冷却水道的任意复杂形状模具，甚至在模具中构建任何形状的中空散热结构，以提高模具的性能和使用寿命。

（a）砂模　　　　　　　　　　（b）蜡模

图 1-44　3DP 成形砂模及蜡模

（3）功能部件制造

直接制造功能部件是三维打印成形技术发展的一个重要方向。采用三维喷印技术，可以直接成形金属制件，具体方法是首先采用黏结剂将金属材料黏结成形，经过烧结后的成形新产品具有很多微小空隙，然后对其渗入低熔点金属，继续烧结，就可以得到强度和尺寸精度均满足使用要求的功能部件了。图 1-45 是 PROMETAL 公司采用此方法直接制造出来的金属工艺品。

图 1-45　3DP 成形金属工艺品

另外，可以采用类似的工艺制造陶瓷材料的功能零件，如采用 Ti_3SiC_2 陶瓷成形的功能零件，具有高导热率和导电率，可用于柴油机或者航空零件制造。采用三维喷印技术制成的具有内部孔隙的过滤器，可用于电厂、汽车尾气处理等，具有优良的吸附性能。图 1-46 为 3DP 成形的陶瓷过滤器。

图 1-46　3DP 成形的陶瓷过滤器

（4）医学领域

三维喷印技术可以应用于假肢与植入物的制作，三维喷印制作的假肢或植入物具有成形快、精度高、成本低等特点，可很大程度上缩短手术时间，减轻病人的痛苦。此外，三维喷印制作的医学模型可以帮助医生进行医学诊断，制订或完善手术方案，大幅度减少术前、术中和术后的时间和费用，其中包括上颌修复，膝盖、骨盆的骨折修复，脊骨的损伤修复，头盖骨整形等手术，给人类带来巨大的利益。在三维喷印打印器官模型的帮助下，许多罕见而复杂的手术得以顺利完成。医生可以在医疗成像扫描结果的基础上制作出患者心脏的解剖学模型，由此掌握外科手术中可能面临的状况。

在制药工程中，三维喷印技术也得到了较为广泛的应用，利用三维喷印技术能够精确控制药物释放量，从而快速、精确地制造出具有复杂药物释放曲线，药量精确控制的药物。3DP 在制药工程中的应用如图 1-47 所示。

图 1-47　3DP 在制药工程中的应用

2
3D 打印在航空航天中的应用

目前，航空航天领域的制造都在追求一个共同的目标——轻量化。在航空领域，减轻飞机重量可大大提高飞机性能。有数据表明，飞机重量每减轻 1％，飞机性能可提高 3％～5％，因此，飞机重量已成为衡量飞机先进性的重要指标之一。在航空领域，减重更是进入了以克为单位的"克克计较"的时代；在航天领域，航天飞机的重量每减少 1kg，其发射成本可减少 2 万美元以上；在军工领域，洲际导弹重量每减轻 1kg，用来发射导弹的运载火箭可减重 50kg。

金属 3D 打印技术作为一门先进的成形技术，几乎可以打印、制造任何复杂形状的金属零件，这是传统制造方法难以实现的。正是因为这一特点，设计师可以脱离传统加工方法的桎梏，充分发挥想象，在结构设计层面实现轻量化的设计。以飞机轻量化设计和制造为例，金属 3D 打印技术不仅可以成形更符合飞行特性的飞机零部件结构，还可实现复杂零部件的整体成形，从而减少装配连接结构，简化设计、加工，最终实现飞机的轻量化。飞机零部件的设计思想，也将翻开崭新的一页。

2.1 3D 打印在航空航天中的应用优势

2.1.1 传统航空制造的缺点

传统的航空制造在设计、制造飞机机体时，需要一个极其复杂的过程。

第一,需要研究验证。传统的研究验证往往通过模型的方式进行,而加工模型又有一个漫长的过程,模型出来后再进行验证,如果不行还得重新设计,重新做模型验证,如此往复进行,直到最后定形、加工,这样既延长了飞机研制周期又会增加开发成本。

目前,机体的制造采用计算机模拟仿真,可显著提高生产效率。利用计算机仿真技术,可以在不做模型的前提下分析方案的可行性,也可以对多个方案进行比较,从中选择最佳方案,还可以对选定的方案进行优化,从而提高精度、节约成本、缩短时间。但是,计算机模拟技术也不是万能的,在飞机研发过程中,也有其不能解决的问题,如气动外形的验证等。

第二,飞机机体制造中大尺寸钛合金复杂零件等的加工制造非常困难,传统的加工方法是先进行自由锻、模锻,然后采用切削加工的方法实现单个零件加工,最后拼接成所需零部件。这种加工方法生产成本高、周期长,已不适用于现代制造。

2.1.2　3D 打印技术的优势

1. 缩短制造周期

3D 打印技术可以直接由计算机数据模型或设计图纸成形自由曲面等复杂形状产品,无须使用模具,极大地缩短了产品研发和制造周期。

在航空航天领域,研发新一代飞机或航空发动机至少需要 10～20 年的时间,甚至更长。在设计初期,气动外形的设计需要经过风洞模型吹风试验不断优化及替代,有一个反复修改和试验的过程;在原型机试制阶段,需要对每一个零部件的样品和试验件进行寿命、疲劳强度和试飞等试验,这就需要加工出大量的零部件样品和试验件。由于品种多、时间紧等,传统的加工方法很难满足要求。此时,利用 3D 打印技术,可以直接调用计算机中设计的飞机或发动机数据打印成航空产品或零件,无须模具，也无须切削加工，可以大大缩短设计和试验周期。

3D 打印技术这一优势，在我国大型飞机 C919 的研制阶段得到了充分体现。图 2-1 为 3D 打印的 C919 驾驶舱风挡玻璃框架，按传统做法，这一构件需要向西方飞机制造商订购，从订货到装机的周期长达两年之久，这将严重阻碍飞机的整体研发进度。为了克服这一困难，我国采用金属3D 打印技术自行打印该构件，从打印到装机，周期不到两个月，并且其强度、硬度等指标都达到甚至超过了设计标准，完全符合飞机的使用要求。

图 2-1　3D 打印的 C919 驾驶舱风挡玻璃框架

2. 材料利用率高

3D 打印技术材料利用率可达 90％以上，而传统制造的航空复杂零部件加工材料利用率一般不会超过 10％，甚至仅为 2％～5％。同时，3D 打印技术在加工过程中无切削废料，可以在很大程度上节约制造成本。

在航空制造中经常使用的钛合金、镍基高温合金、铝镁合金、铁基合金等合金材料，不但难加工，而且价格昂贵。传统加工方法往往采用先锻造或铸造然后进行切削加工的加工工艺方法，这种加工切削过程会浪费掉大量的材料，导致材料的利用率很低。例如，某型号航空发动机涡轮盘，采用传统方法加工时，产品仅 100 千克，而需要的毛坯则重约 1.5 吨，材料的利用率只有不到 10%。而采用 3D 打印技术加工，使用的原材料不到 200 千克，材料利用率高达 80% 以上。

图 2-2 为 3D 打印技术和传统制造技术对材料的利用率对比，由图可以看出，3D 打印技术所使用的材料数量远低于传统制造技术。

图 2-2　3D 打印技术（左）和传统制造技术（右）对材料的利用率对比

3．优化设计

3D 打印技术可以优化零件内部结构设计，将复杂的内部结构简化成简单的结构形状，图 2-3 所示为 SLM 打印的钛合金复杂结构部件，在保证使用性能的前提下，其内部结构采用网格代替实体，这一设计不仅减轻了零件的重量，还节省了材料，节约了成本。

4．整体制造

3D 打印技术对传统的拼接构件可以实现部件的整体制造，避免了组装、拼接等环节，减少了工艺，降低了重量，节省了成本。同时，经过优化设计的零件，其应力分布更加合理，产生疲劳裂纹的可能性更低，承载能力更强，从而提高了零部件的强度和可靠性等性能，延长了零部件的使用寿命。

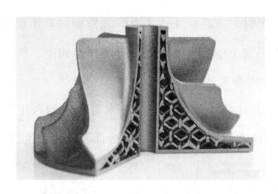

图 2-3 SLM 打印的钛合金复杂结构部件

3D 打印的整体零件，如图 2-4 所示的 3D 打印铝合金复杂一体式散热片，无论是结构工艺、强度、性能还是使用寿命，都有了显著提高。

图 2-4 3D 打印铝合金复杂一体式散热片

3D 打印技术很好地克服了传统航空制造的缺点，利用 3D 打印技术，不仅能打印出常用的航空零部件，还可直接打印飞机发动机、无人机整机等，可显著改善生产周期、制造成本、产品质量等。

2.2 国内外应用现状

2.2.1 国外的应用

3D 打印的快速发展，吸引了美国空军的注意力，他们设想如果通过

3D打印技术生产钛合金飞机，将大大提高美国战机的生产速度。为此，1985年，在五角大楼的主导下，美国开始秘密研究钛合金激光成形技术，直到1992年这项技术才公之于众。

图2-5为3D打印美国F-22战机的钛合金整体式承力框，它曾经是世界上最大的一体式钛合金构件。

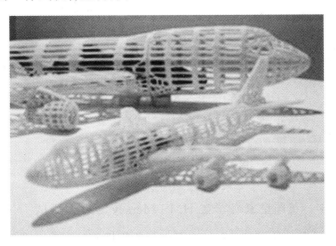

图2-5　3D打印美国F-22战机的钛合金整体式承力框

通用电气公司利用3D技术，打印出了一台可点火运行的小型喷气发动机（见图2-6），该发动机长30cm、高20cm，每分钟转速可达33000转。

图2-6　3D打印小型喷气发动机

73

2011 年 8 月，英国南安普顿大学制造了第一架 3D 打印的无人机，如图 2-7 所示。

图 2-7　第一架 3D 打印的无人机

2015 年，英国皇家海军在 HMS Mersey 号舰上测试了一款利用 3D 打印技术制造的无人机 Sulsa。该无人机采用螺旋桨驱动，翼展 1.5m，其四个主要部分均由 3D 打印制造而成。该无人机利用一个 3m 长的弹射器发射升空，然后按照预定的飞行路线飞行了 5 分钟后平安着陆。

法国泰雷兹·阿莱尼亚航天公司将 3D 打印技术应用于在建的两颗远程通信卫星。这两颗卫星的遥测和指挥天线支撑结构均由 3D 打印制造，尺寸约 45cm×40cm×21cm，材料为铝合金。

2016 年 7 月，澳大利亚莫纳什（Monash）大学吴新华教授及其团队联手迪肯（Deakin）大学和 CSIRO 的相关人员，3D 打印了两台用于概念验证的喷气发动机，如图 2-8 所示。

波音公司已经利用 3D 打印技术制造了大约 300 种不同的飞机零部件，包括将冷空气导入电子设备的形状复杂的导管。

长期以来，欧洲航空巨头空客一直走在 3D 打印制造工艺最前沿。除了可快速成形外，3D 打印技术已使超过 1000 种最终生产的塑料和金属零件用于各类型飞机，包括 A350 和 A320，A350 零件如图 2-9 所示。

图 2-8　3D 打印喷气发动机

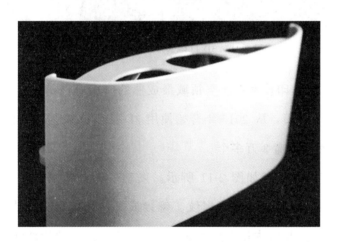

图 2-9　3D 打印 A350 零件

劳斯莱斯（罗尔斯·罗伊斯）公司采用全球最大的 3D 打印设备打印 XWB-97 发动机零件，如图 2-10 所示。

由于 3D 打印技术的先进功能，面板的设计比以前要复杂得多。它采用生物启发的格子支撑结构，重量减轻约 15%，同样的结构在使用注塑技术生产时会花费更长的时间，而且由于需要的数量少，成本会更高。这种用于修改和替换零件的小批量生产，是 3D 打印技术可为航空航天制造和维护提供巨大优势的关键领域。打印完成后，衬垫被着色，并且打印材料和涂料均具有高度阻燃性。

图 2-10　3D 打印 XWB-97 发动机零件

目前，3D 打印技术在航空领域最成熟的应用应该是 GE（通用电气）的发动机燃油喷嘴，从 2015 年开始使用 3D 打印技术制造燃油喷嘴以来，GE 已生产燃油喷嘴 3 万多个。

3D 打印燃油喷嘴如图 2-11 所示。发动机燃油喷嘴是一个复杂的部件，以前它由 20 多个部件用螺纹、铆接或焊接连接组成，使用 3D 打印技术，所有扭曲几何体和内部腔室整合生产在一个单独的部件中，大大节约了制造成本，并缩短了生产周期。3D 打印的燃油喷嘴可使重量减轻25％，强度提高约 5 倍，每架飞机可节省 300 万美元，其良好的经济性帮助 LEAP 发动机赢得了 16300 台的订单。

2018 年年初，波音和欧瑞康签署了五年战略合作伙伴关系，目标是推进 3D 打印工艺从初始粉末管理到成品的标准化，并能生产满足美国联邦航空管理局（FAA）与欧洲航空安全局（EASA）要求的航空航天工业用结构性钛合金构件。图 2-12 为欧瑞康 3D 打印的高压压缩机（HPC）叶片组件。

图 2-11　3D 打印燃油喷嘴

图 2-12　欧瑞康 3D 打印的高压压缩机（HPC）叶片组件

2017 年 10 月，GKN（吉凯恩集团）宣布将所有增材制造相关业务转到 GKN Additive（吉凯恩增材）中，以便更好地发展 3D 打印技术。在成立 GKN Additive 之前，GKN 就利用增材制造技术将复杂结构的开模迭代周期从 2 年缩短至不到 1 年，并把钛合金这种昂贵的航空材料的利用率提高至近 100％。GKN SLM 3D 打印零部件如图2-13 所示。

图 2-13　GKN SLM 3D 打印零部件

2.2.2　国内的应用

中国的金属 3D 打印技术起步较晚，受 1992 年美国解密其研发计划的刺激影响，我国 3 年后开始投入研究。在研究初期，我国基本属于跟随美国的学习阶段，但后来者居上，取得了一系列成果。其中，中航激光技术团队取得的成就最为显著。在 2000 年前后，中航激光技术团队投入大量人力物力，开始了"3D 激光焊接快速成形技术"的研发，解决了多项世界技术难题。目前，该团队生产出了结构复杂、性能满足主承力结构要求的产品。该团队 3D 打印制造的钛合金整体框如图 2-14 所示。

图 2-14   3D 打印制造的钛合金整体框

目前，在解决了材料变形和缺陷控制的难题后，我国在 3D 打印成形大面积复杂钛合金构件方面的技术和能力已居世界前列，最大成形面积可超过 $12m^2$，我国成为当今世界上唯一能激光成形钛合金大型主承力构件并应用于实践的国家。在航空制造领域，我国生产的钛合金结构部件已大量应用于飞机，这成为中国航空力量的一项独特优势。

西北工业大学黄卫东教授团队，利用 3D 打印技术制造出来的钛合金机翼前缘，性能甚至超过锻件，如图 2-15 所示。

图 2-15   3D 打印钛合金机翼前缘

我国金属零件的激光快速成形技术研究始于 1999 年，并取得了快速的发展，这得益于国家"863 计划""973 计划"、国家自然科学基金重点项目等的大力支持，尤其是镍基高温合金及多种钛合金的成形研究，取得了很大的突破，我国已掌握金属零件激光快速成形的关键工艺及组织性能控制方法，形成了多套具有工业化示范水平的激光快速成形系统和装备，其中钛合金 TA15、TA12 以及镍基合金 Inconel718 的力学性能，均达到或超过锻件水平。

C919 飞机使用的 3D 打印件，采用了 SLM 技术，这种技术尺寸精度高，可加工任意形状零件，同时材料的显微结构、力学性能相对稳定，单层铺粉 30μm，控制精度高，熔覆均匀。图 2-16 为 3D 打印技术制造的 C919 大型客机应急门导向槽零件，目前，已建立了一整套关于 3D 打印的材料鉴定和应用体系，这为将来 3D 打印技术在国内民机制造领域大规模应用奠定了基础。

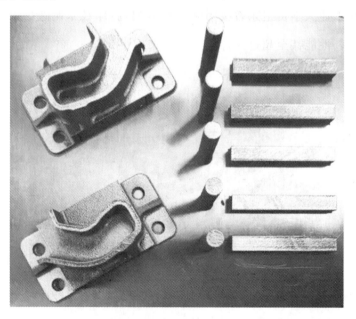

图 2-16　3D 打印技术制造的 C919 大型客机应急门导向槽零件

近年来 3D 打印技术在航空航天领域迅速发展，特别是在金属打印领域，提升了航空零部件的质量，缩短了生产时间，减轻了零件重量，节约了成本。图 2-17 为 3D 打印技术在航空航天领域的应用实例。

图 2-17　3D 打印技术在航空航天领域的应用实例

2.3　3D 打印在发动机制造中的技术研究

飞机发动机由无数个零部件组成，其中涡轮叶片由于工作条件恶劣，而且对性能要求很高，所以一直是加工中的重点及难点。

2.3.1　涡轮叶片

镍基高温合金广泛用于航空航天热端构件，如航空发动机涡轮叶片、导向叶片、涡轮盘、高压压气机盘和燃烧室等高温部件，镍基高温合金在发动机中的应用如图 2-18 所示。

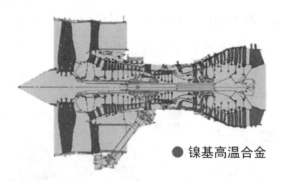

● 镍基高温合金

图 2-18　镍基高温合金在发动机中的应用

发动机涡轮叶片（见图 2-19）因需承受高温，所以广泛采用镍基高温合金作为原材料，而镍基高温合金采用传统的加工方法存在加工周期长、材料利用率低、生产成本高等缺陷，采用 3D 打印技术则可以克服这些缺陷，下面就以发动机涡轮叶片加工为例，说明 3D 打印技术在发动机制造中的应用。

图 2-19　发动机涡轮叶片

2.3.2　3D 打印直接成形

涡轮叶片可以直接 3D 打印成形，具体加工过程如下：

1. 三维建模

涡轮叶片的三维建模方法有两种：第一种是先通过扫描设备对实物进行三维扫描，获取数据，再用 CAD 工具重构，从而获得 3D 数据模型。第二种是利用 CAD、UG、Catia、Pro/E 等工具软件建立模型，或将已有二维图像转换成三维模型。航空制造业通常使用 CAD 或 Catia 等软件进行航空零部件设计。

图 2-20 为航空发动机小孔涡轮叶片的三维建模，该模型是用 CAD 软件采用曲面建模的方法生成的三维 CAD 图形。

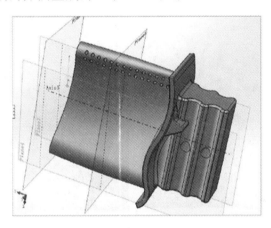

图 2-20　航空发动机小孔涡轮叶片三维建模

因为 3D 打印机无法直接识别三维模型数据，所以在打印前我们要将文件格式转化为 STL 格式，然后再进行 3D 打印。这可以通过 CAD 系统中的专用数据转换功能来实现。

2. 数据模型切片处理

运行 Slic3r 软件，打开模型 STL 文件，然后利用图片旋转功能，使叶片达到合适的打印方向和角度，以便观察、切片处理和打印，图 2-21 为导入小孔涡轮叶片视图。

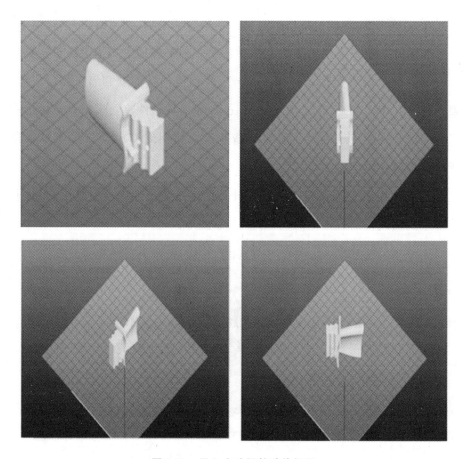

图 2-21   导入小孔涡轮叶片视图

点击"切片"选项按钮，可观察涡轮叶片的二维视图（切片厚度通常为几十微米），如图 2-22 所示。

找到"Object"选项中的"Rotate"选项，单击，并在"Around X axis"后的方框输入"270"，使涡轮叶片沿视图 X 轴方向逆时针旋转 270°，使叶片弦线与 Z 轴垂直，如图 2-23 所示。

3. 3D 打印制造

选择性激光烧结（SLS）技术原理与激光选区熔化成形（SLM）技术非常相似，都是通过逐层堆积来加工零件。SLS 设备主要由高能激光系

统、加热系统、光学扫描系统、控制系统、供粉及铺粉装置组成。3D
打印涡轮叶片过程如图 2-24 所示。

图 2-22 切片处理后二维视图

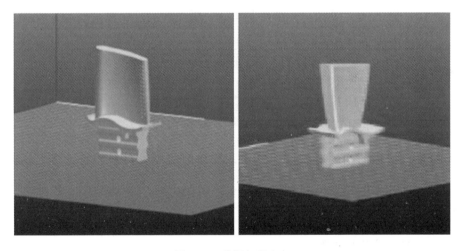

图 2-23 选择打印方向

基于 SLS 技术，3D 打印成形过程如下：

（1）计算机读取切片后的 STL 文件，生成激光扫描路径及控制指令；

（2）铺粉装置在工作台面上铺上一层与切片厚度一致的原材料粉末；

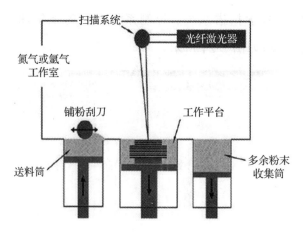

图 2-24　3D 打印涡轮叶片过程

（3）计算机控制激光头或工作台按预定轨迹运动，被激光扫描到的粉末迅速熔化，冷却后烧结在基体上，未被烧结的粉末留在原处，起支撑作用；

（4）烧结完一层后，工作台下降一个层厚的高度，然后重新铺设粉末层，接着激光束开始新一层的扫描烧结，如此往复进行，直至烧结出整个零件；

（5）烧结完成并冷却后，取出零件并清洁表面。

在成形过程中，合理地设置加工参数可提高零件加工质量，如激光的功率、扫描的间距、扫描的方式、烧结的层厚、材料的特性等，这就需要进行反复的试验和精确的计算，从而减少打印件的缺陷，提高加工质量。

4. 打印产品后处理

SLS 成形金属件力学性能和机械性能往往达不到设计要求，必须对其进行后处理以提高性能，常见的后处理主要包括喷砂、抛光、去粉、固化、包覆等。

2.3.3 3D 打印＋铸造技术加工涡轮叶片

1. 传统铸造技术

传统的叶片成形技术一般采用叶片熔模精密铸造成形，其成形过程如图 2-25 所示，主要分为预制型芯＋涂挂多层型壳＋化蜡烧结＋浇注＋脱壳成形等。

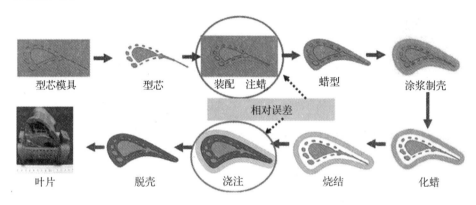

图 2-25　叶片熔模精密铸造成形过程

该方法存在定位、安装有误差，非固定连接容易偏移等缺陷，从而导致存在偏芯、穿孔、成品率低、加工周期长等问题。

2. 3D 打印＋精密铸造

3D 打印＋精密铸造技术加工涡轮叶片主要技术路线如图 2-26 所示。该方法利用 3D 打印技术使型芯和型壳一次成形，减少了传统生产过程中产生的加工及装配累积误差，很大程度上提高了制造精度。

3D 打印＋精密铸造技术的主要优点有以下几个：

（1）优化设计

叶片的制造不受结构的约束，无论多么复杂的叶片，该方法都可以加工，设计师不用再担心加工的后续问题，可放开手脚大胆设计，从而能发挥出最大的设计性能。

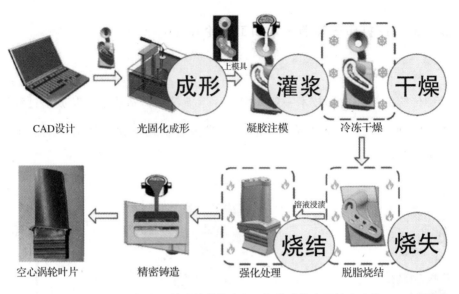

图 2-26　3D 打印＋精密铸造技术加工涡轮叶片主要技术路线

（2）缩短周期

3D 打印技术可使型芯和型壳一次成形，精密铸造加工则可使叶片加工周期缩短 70％～80％。

（3）成品率提高

3D 打印＋精密铸造技术可使产品的成品率大大提高，保守估计可提高 50％～60％。

2.4　3D 打印航天零件

2.4.1　钛合金镶件

Materialise 与全球数字服务厂商 Atos 的工程部门共同合作，重新开发了一个广泛应用于卫星的钛合金镶件，如图 2-27 所示。

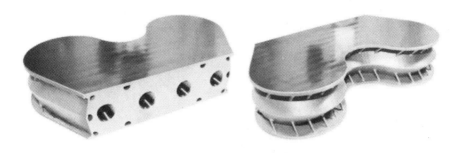

图 2-27　3D 打印钛合金镶件

1. 传统制造

钛合金镶件广泛用于航空航天领域，通常用来连接其他设备与卫星，这样的镶件要承受很高的负载，需要提升起又大又重的结构，这意味着它们必须具备很大的强度重量比，具备很高的强度、很强的刚性，同时重量又必须非常轻。这些镶件被置入航空航天结构常见的复合结构夹层板，通过与夹层板的结合转移载荷。

传统镶件通常以铝合金或钛合金为材料机加工制造，其砖块形状的内部完全是实体，质量很高，如图 2-28 所示。传统镶件除了材料成本高之外，重型部件还会增加每次发射时航天器的运营成本。

图 2-28　传统打印钛合金镶件

2. 利用 3D 打印技术优化设计

Atos 依靠在航空航天工程和结构仿真方面的专业知识，以及 3D 打印技术的优势，从内到外设计了新型的钛合金镶件，提高了其整体性能，如图 2-29 所示。

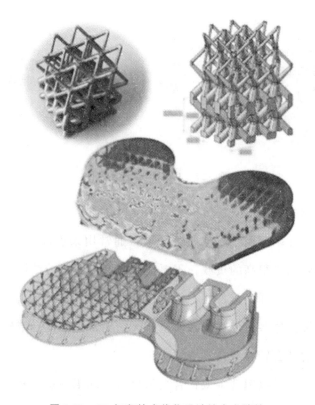

图 2-29　3D 打印技术优化设计钛合金镶件

通过 3D 打印，物体的内部空间可以采用中空或轻量化结构设计。Materialise 和 Atos 的工程师从减少部件内部材料的使用量入手，采用拓扑优化和晶格结构设计等先进技术，将镶件质量从 1454g 减少到 500g。除了减轻重量外，团队还解决了原始设计中的热弹性应力问题，由于这些镶件在碳纤维增强聚合物夹板固化过程中已经被安装，因此会受到热弹性应力，优化设计减小了这些应力带来的影响并改善了载荷分布，延长了镶件的使用寿命。镶件横截面内部的轻量化结构如图 2-30 所示。

凭借精巧的优化设计并通过金属 3D 打印，新型钛合金镶件重量仅为原来的 1/3，性能也得到了改进。

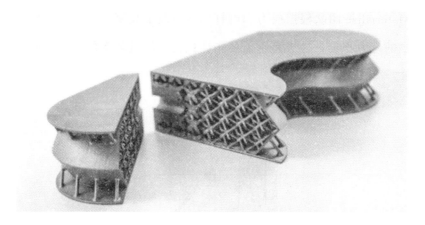

图 2-30 镶件横截面内部的轻量化结构

3D 打印技术几乎已渗透到各应用领域，在未来的加工中，我们应该不断开拓 3D 打印技术在传统制造业中的深刻应用，推进变革，推动 3D 打印技术的发展。

2.4.2 钛合金航天部件

为了减少支架和支撑结构的重量，Materialise 团队使用设计优化软件 3-Matic 来检测哪些区域可以用蜂窝结构替换，这些区域可以相应减少材料使用，同时又能够保证所需的强度。然后，团队确定了结构单元的大小和位置，并重新设计了钛合金航天部件，以确保其可以实现打印，如图 2-31 所示。

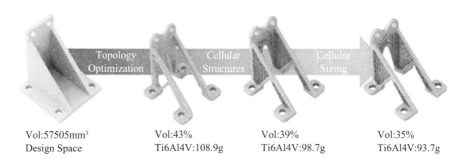

图 2-31 优化设计钛合金航天部件

Materialise 团队根据应力和可打印性修改了光束直径，并测试了最终设计中的应力积累，检查是否需要拓扑优化。经过多次仿真迭代后，支架减重 63％，如图 2-32 所示。

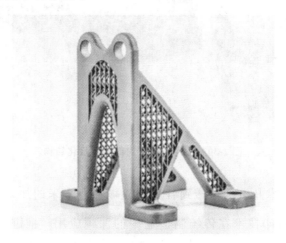

图 2-32　减重 63％的钛合金航天部件

3D 打印技术在支架等航天零件制造中的优势：

（1）原本成为损耗的支撑被功能性的轻量化结构所取代；

（2）减少了后处理的工作量；

（3）材料使用量减少；

（4）减少了材料使用量并扩大了支撑面积，从而减少了热应力。

凭借 3-Matic 与有限元分析软件的无缝衔接，金属部件的强度和可打印性才能得以保证。如此显著的减重，可以大大减少飞机的燃料消耗和碳排放量。

2.4.3　气流冷却器

在使用通风机产生气流时，由于产生的是层流，通风机的叶片会阻断一部分气流，从而导致效率降低的问题。优化设计气流冷却器内部独特的鳍片设计，有助于形成湍流，增加气流的流速，如图 2-33 所示。

图 2-33　优化设计气流冷却器

气流冷却器的外部是适合 3D 打印制造的随形冷却水道，可起到最佳的降温效果。较低的表面温度有助于内部热空气向外扩散，获得与鳍片更大的接触面积，从而形成更大的湍流。

鳍片中的点阵结构，避免了对支撑结构的需求，既轻便又坚固，设计时还做了精心考量，能尽可能地避免粉末被卡在部件内部。

2.5　3D 打印在航天器制造中的应用

波音公司将增材制造技术应用于 CST-100 新型载人宇宙飞船（见图 2-34）的制造，以减少重量，节约成本和缩短交货时间，该团队因此获得美国宇航局太空飞行意识奖章。

卫星设计具有极端质量临界、多功能结构、低产量、低占空比、高可靠性和快速市场化的特点。基于此，在航天器和卫星平台建设中，增材制造可实现高效设计流程，并能提供以往无法实现的设计解决方案，为飞行器产品的设计和分析开辟了一个新途径。通过拓扑优化设计的轻量化航天器结构，如图 2-35 所示。

图 2-34　CST-100 新型载人宇宙飞船

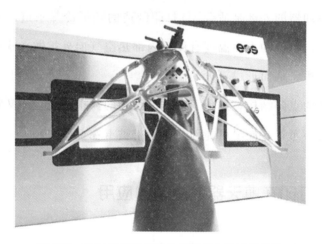

图 2-35　通过拓扑优化设计的轻量化航天器结构

通过 702SP 卫星开发计划（见图 2-36），波音公司改变了其工程运行模式。技术团队开发了一种集成设计方法，所有机械元件都在一个技术领导下整合。首席工程师负责平台机械架构、负载路径、子系统集成、新材料开发以及负载开发、设计和制造的协同执行。

该模式的主要部分是主动使用增材制造，这使得"自由设计"成为可能。这种新的制造方式，使工程师采用新的思维模式进行思考，并在结构解决方案的开发中发挥创意。

图 2-36　702SP 卫星开发计划

2.5.1　轻量化设计

波音在航空航天领域使用增材制造的第一个重要应用是 SES-15 航天器。设计团队确定了几个可行范围，包括在最低点表面安装光学平台。SES-15 航天器的架构需要一种系统解决方案，该方案不仅适合使用增材制造，而且体现了增材制造部件在集成组件中的作用方式。3D 打印的SES-15 航天器零件如图 2-37 所示，3D 打印与黏合材料加工的 SES-15 航天器零件如图 2-38 所示。

图 2-37　3D 打印的 SES-15 航天器零件

图 2-38　3D 打印与黏合材料加工的 SES-15 航天器零件

仅靠增材制造无法产生显著的技术优势，但当增材制造与新的复合材料及黏合材料一起使用时，便产生了轻质、低成本和热稳定性好的结构件。

SES-15 项目用于建立验收测试系统，该系统现已应用于波音空间和导弹系统中所有 3D 打印的飞行零件。SES-15 卫星带有的 3D 打印部件如图 2-39 所示。

图 2-39　SES-15 卫星带有的 3D 打印部件

随着增材制造技术的部署，波音公司已经开始收集关于制造成本和制造周期的数据，这些数据将在未来帮助决策。

2.5.2　推广应用

波音公司不仅仅将增材制造技术用于卫星和航天器制造，还将其应用于导弹、直升机等的制造。

随着增材制造技术成为主流制造技术，集成机械系统的可制造性得到改进，成本得以降低。如果没有充分理解和重新设计整个系统，就不可能优化增材制造组件。

增材制造项目最有效的未来状态将是基于机械系统工程和集成设计的附加生态系统，这需要多技能工程师，他们要在设计、应力分析、材料、制造和负载方面拥有丰富的知识。

2.6　3D 打印在航班仿生设计中的应用

想象一下，你正在飞往度假胜地的航班上，为了避免突然出现的湍流，飞机的机翼改变了形状；飞机在中途被撞击，撞击孔在你眼前慢慢自动封闭；飞机机体变成透明的，你可以看到周围的一切风景……

图 2-40 是 2011 年空客推出的仿生设计飞机，听起来它的功能充满想象色彩，但这一切随着科技的发展都在慢慢变成现实。

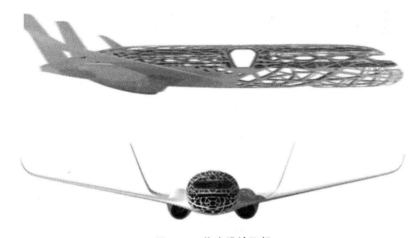

图 2-40　仿生设计飞机

空客与纽约建筑公司 The Living、Autodesk（一家软件设计和数字化内容创建公司）、APWorks 合作开发了世界上最大的金属 3D 打印飞机部件——仿生隔断。该隔断是将机组人员与乘客隔开的纤细而重要的隔墙，急救担架以及乘务员的座椅折叠、固定于其中，该仿生隔断结构复杂、功能多样，设计、制造过程充满挑战，如图 2-41 所示。

图 2-41　仿生隔断结构设计

设计人员针对隔断的结构进行了仿生设计，并采用先进材料对其进行金属 3D 打印，与传统隔断相比，其重量减轻 45％，而且强度和功能更加强大。减轻的重量可以节省燃料并能每年减少超过 100 万吨的碳排放量。

隔断结构的设计模拟了细胞和骨骼的生长，将所有接口点连接到飞机的主要结构，各个分区内结构也互相连接，并通过计算机来测试这些基于生物学的设计，最终创建出独特的结构。设计团队最初的目标是减轻 30％的重量并保证性能，最终通过仿生设计，重量减轻了 45％。这一仿生隔断结构如图 2-42 所示。

在减重的设计中需要设置强度约束，设计团队通过软件模拟获得了隔断结构 10000 多个设计排列，并依靠大数据分析减少设计迭代（见图 2-43）的次数，最终确定了具有最佳性能的结构。

图 2-42　仿生隔断结构

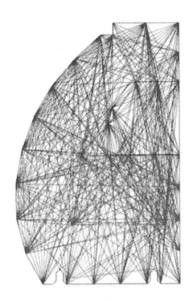

图 2-43　设计迭代

在决定制造之后，空客公司使用三种不同的 3D 打印系统完成制造：
Concept Laser M2、EOS M290 和 EOS M400（用于非常大的部件）。工作
人员将整个隔断结构分成多个组件，按照组件大小选择合适成形空间的打
印机，然后同时生产，创建一个完整的隔断，至少需要打印七个批次。相
关 3D 打印组件如图 2-44 所示。

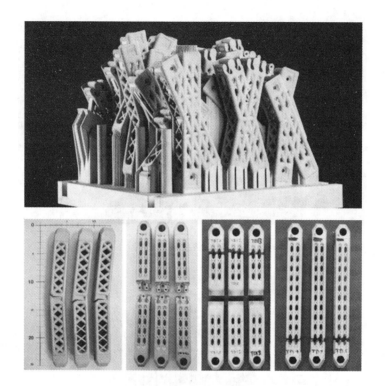

图 2-44　3D 打印组件

整个结构被分成 116 个组件，所有组件都有连接器，最终拼接完成之后，工作人员对其重量和强度印象深刻，其具备轻量、坚固的特点。拼接 3D 打印组件的部分过程如图 2-45 所示。

图 2-45　拼接 3D 打印组件的部分过程

3
3D 打印在汽车制造业中的应用

随着 3D 打印应用的迅速发展，3D 打印设备已不再局限于科学实验室和教室，而是逐渐走向了家庭、办公室、工程应用等。于是，各类 3D 打印产品被生产商陆续推出，遍及各行各业，甚至走入了人们的日常生活。

汽车制造业这个与人们生活息息相关的行业，也毫不例外地受到了 3D 打印技术的影响。随着计算机技术、材料技术、互联网信息技术等的飞速发展，3D 打印技术在汽车制造领域的应用也迅速发展，如汽车零部件、外观造型、内部结构、内饰件等都在不同程度上应用了 3D 打印技术。

3.1 3D 打印技术在汽车领域的应用特点

3.1.1 3D 打印技术的优势

1. 简化生产环节，缩短生产周期，降低生产成本

3D 打印技术不同于传统的"减材制造"，它是一种"增材制造"技术，这个工艺可直接将计算机中任何形状的三维数据打印成实体产品，可大大缩短研发周期，简化生产环节，提高生产效率以及节约制造成本。

在汽车零部件设计制造领域，使用 3D 打印技术可快速制作出复杂零部件的原型或样件，然后对样件的工作原理和可行性进行验证，从而简化设计流程，提高设计效率。例如，在汽车同步器开发或缸盖的设计，甚至

橡胶轮胎、金属及塑料单件制品的设计生产过程中，采用 3D 打印技术可直接制作出相关零部件样品，无须任何模具或金属加工，省去了传统制造的模具开发、锻造、铸造等繁杂工序，也减少了中间环节大量的人员、资金、设备的投入。采用传统制造方法，一般模具的开发周期为 45 天以上；而采用 3D 打印技术，一般只需 1～7 天即可完成零件的单件生产。

同时，随着金属 3D 打印技术的日渐成熟，人们对金属材料的属性控制也趋于成熟。目前，成形的汽车零部件力学性能和强度等指标已达到甚至超过锻件水平，因此，用 3D 打印直接成形的汽车零部件完全满足汽车使用要求。

除了可以缩短周期以及加快研发速度外，3D 打印技术带来的另一大好处体现在成本方面，即可以让相关车企和零部件供应商在价格上更具竞争力。

2. 加快汽车更新换代速度

传统的汽车制造业，新一代汽车从研发到最终投入生产线量产，需要花费几年甚至几十年的时间，有时，经过了多年的研究和设计，新款式出来了，设计非常成功，与老款相比较有了很大的突破，但由于技术、工艺的原因加工不出来，会导致设计白费的问题发生。如 2015 年新款奥迪 TT 与 2007 年的老款相比，在造型上的创新很少，这不免让期待它的消费者有些失望。3D 打印技术就能克服这一缺陷，因为只要计算机能绘制出零件的三维数据，3D 打印就能将其打印出来，不管形状有多么复杂，不会存在设计出来而加工不出来的尴尬局面。同时，3D 打印技术使汽车这种工序复杂、体积庞大的产品的生产也变得灵活，为实现消费者个性化定制服务提供了可能。未来的汽车产业将与互联网和搜索引擎共同衔接配合，构建一个个性化、即时化、网络化、经济化并行的全新生产和消费模式。3D 打印技术会带动汽车传统制造技术更加极致地发挥，更多的汽车新功能、更完善的汽车性能，为未来汽车制造业的发展注入了新的活力。

3. 实现个性化定制

个性化时代的到来，使越来越多的消费者热衷于定制某一新型事物，从而使 3D 打印技术这一新型制造工艺得以发挥作用。下面以大规模批量生产的汽车零部件中最具代表性的轮胎为例加以说明。

轮胎企业要获得更多的利润，必须把目标客户群体转向那些愿意花更多的钱定制轮胎来满足自己与众不同的消费心理的客户。专业定制的 3D 打印轮胎可以按客户要求打印出各种特性花纹，甚至是客户名字等，能让消费者在雪地或沙漠的驾驶过程中留下自己的"足迹"。同时，3D 打印技术可根据当地不同的气候变化计算出不同的摩擦力，从而制造出适合当地气候条件的轮胎花纹，以提高轮胎的安全系数、耐磨程度以及滚动效率等，从而减少交通事故。

未来，3D 打印技术最有望"大展拳脚"的领域是汽车内饰。有了 3D 打印技术的加持，汽车内饰可以拥有更多款式和花样，而且生产也变得更加方便。只不过，现在 3D 打印的材料品质还达不到传统工艺生产出来的零部件标准，所以尚未大规模推广。但随着更多创新技术的出现，越来越多消费者会通过 3D 打印技术来实现自己车辆的个性化需求。

当前，越来越多的汽车消费者追求个性化定制，不少车企也开始从中寻找新的商机。例如，MINI[①] 将在美国推出一个定制化项目，利用 3D 打印技术让车主通过一家个性化网站在线上为自己的汽车设计个性化内饰和外饰配件。接到订单后，MINI 会通过 3D 打印机将这些配件生产出来。车主能够选择不同的设计模板，还可以自己选择颜色、图案和车身装饰花纹，甚至能在汽车中添加一些个性化的文字，比如车主的名字或者昵称等。

---

① 宝马集团旗下的全球知名豪华小型汽车品牌。

4. 方便汽车维修

在一些高档汽车中，贵重零部件（如缸体、缸盖、曲轴等）的维修一直是一个令人头疼的问题，因为这些零部件的定制、配送、运输等是一个漫长的过程，通常需要数月之久。而采用 3D 打印技术，只需扫描损坏的零部件，生成该零件的三维数据模型，然后就可以打印出一模一样的零部件，直接替换已损坏的零部件，整个过程仅需数小时，极大地提高了维修效率，降低了维修成本。

5. 应急处理突发事件

3D 打印技术的快速性及打印设备的便携性等优点，使得它在移动处理故障、应急处理突发事件上有独特的优势。例如，大型、不宜移动的野外作业机械设备发生故障时，携带 3D 打印机到施工现场，实时打印出故障零件并替换，可实现快速维修救援。此外，在遇到一些突发事故或灾害时，如矿工被困井下或人被泥石流掩埋急需救助时，3D 打印技术可根据实地情况打印出合适的救援工具实施救援，及时挽救被困人员的生命。

3.1.2 存在的缺陷

1. 技术受限

3D 打印技术虽然取得了很大的发展，但在软件、材料、装备及安全性等方面还有待改进与提高，所以 3D 打印技术目前仍仅适用于小尺寸、小批量、高精度、造型复杂的汽车零部件的生产制造，难以代替传统大规模、大批量的加工制造。

2. 成本受限

3D 打印技术虽然有成本低、制造快等优点，但与大规模制造且技术、工艺都很成熟的传统汽车零部件生产相比，不具有成本优势。这就在一定程度上制约着它在汽车制造上的应用。目前，3D 打印技术主要用于汽车关键零部件或新产品样品的原型制造等方面。

3.2 国内外应用现状

3.2.1 国外应用现状

世界上第一台 3D 打印机诞生于 1986 年，它由美国得克萨斯州立大学的学生发明，此后的几十年中，世界各国投入大量的人力物力进行研究并取得了很大的成就，相应的研究成果也逐步进入市场，形成了比较成熟的产业链结构。这方面美国的成就比较突出，其他发达国家，如德国、日本、加拿大等，紧随其后，相继实现了 3D 打印技术的产业化并形成了完整的产业链。

继美国 3D 打印出了世界上第一辆混合动力车后，德国也将 3D 打印技术应用到汽车发动机等重要零部件的设计与制造中，并投入实际生产。

近年来，3D 打印在汽车设计、制造领域的应用虽然取得了巨大进展，但相对于航空航天、医疗等 3D 打印应用成熟领域，3D 打印在汽车设计、制造领域的应用发展速度还比较缓慢。这是因为，与拥有一百多年历史的传统汽车产业相比，3D 打印技术的优势还没有完全发挥出来。比如，汽车的外观造型设计，受技术与材料的限制，虽然汽车设计师可以充分发挥他们的想象力，"天马行空"地设计出更复杂、更时尚的外形结构，但受技术与材料等方面的限制，这些方案很难实现。另外，3D 打印可以直接成形，虽然可大大缩短设计和生产的周期，但降低成本的优势没能很好地体现出来，因为传统的汽车制造业已经有了相当成熟的技术路线及工艺，对于典型的零部件的制造，成本已经控制得很低了。究其原因，可能是因为 3D 打印尚处于技术发展探索与完善阶段，大多数应用都是技术层面上的突破，缺乏实际应用及市场的考验。

3.2.2 国内应用现状

在我国，虽然 3D 打印技术起步比较晚，但受重视程度非常高，我国甚至已将对其的研究提升至战略高度，政府先后出台了一系列的激励政策，以支持 3D 打印技术快速发展。目前，在各行各业，尤其是高、精、尖领域的核心关键技术上，3D 打印技术已得到了广泛的应用。与此同时，大中型企业也开始重视 3D 打印技术的研发与应用，提升企业的竞争优势。总之，中国目前无论是从国家的宏观战略布局还是从各企业综合实力提升的要求上，都对 3D 打印技术的重要性有了明确的认识。

但是，在中国的汽车制造领域，3D 打印技术仍处于刚刚起步阶段，技术还不是很成熟。如果能够完善技术、材料等，提高 3D 打印技术整体水平，随着中国汽车业的高速发展，3D 打印技术在中国汽车设计、制造领域的应用前景还是非常广阔的。

3.3 3D 打印技术在汽车领域的应用案例

3D 打印技术在国外汽车制造领域的应用已经相对成熟，有很多成功的案例。

3.3.1 世界上第一辆纯 3D 打印混合动力车——Urbee

世界首辆 3D 打印混合动力车 Urbee 于 2013 年问世，如图 3-1 所示。

Urbee 整个车身由 3D 打印一体成形，外形简洁、大方又不失美观，全车三个车轮，两个座位，属于电池和汽油作为动力的混合动力车。由于使用了 3D 打印技术，其外形具有其他金属材料所不具有的可塑性和灵活性。整车的零件打印仅耗时 2500h，打印好的零件组装也非常简单，因为

3D打印技术将很多小零部件整合到一起了，所以其生产周期远远短于传统汽车的生产周期。

图 3-1　世界首辆 3D 打印混合动力车 Urbee

图 3-2 所示为新一代的 Urbee，称为 Urbee 2。Urbee 2 采用了更简洁的设计，全车由 50 个零部件组成，也就是说，仅需 3D 打印 50 个汽车零部件（传统标准汽车由上千个零部件组成）。由于采用了 3D 打印技术成形车体，所以汽车结构轻、体积小。即使它采用的单缸发动机功率只有 8 马力，但最高巡航速度仍可达 112 km/h。Urbee 2 的另一优点是节能环保，首先是它采用的都是节能环保型材料，其次是由于采用混合动力且功率小，所以它的废气量排放不到传统汽车的 1/3。

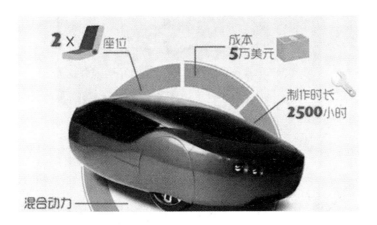

图 3-2　新一代 3D 打印混合动力车 Urbee 2

3.3.2　世界上第一辆 3D 打印赛车——阿里翁

图 3-3 所示为世界上第一辆 3D 打印的赛车"阿里翁",它由来自比利时鲁汶工程大学的 16 名工程师设计,由 Materialise 公司的 3D 打印设备"猛犸"打印而成,并已在德国的霍根海姆赛道成功完成测试。"阿里翁"从车体设计到打印出整个车身仅花费了三周时间,这是传统汽车制造工艺不可能做到的。不仅如此,该赛车时速从零提升到 60 英里(约 96 千米)仅需短短的 4 秒,最高时速可达到 141 千米。

"阿里翁"两侧采用了复杂的冷却通道设计,在左侧的散热片和扩散器后打印了一个喷嘴,让空气流动更加完美,能达到最佳冷却效果,散热片后还装有风扇,便于在低速和静止时保证气流畅通。"阿里翁"右侧的冷却通道能够形成龙卷风效应,清除空气中的水分和尘土,而后进入发动机舱。在造型方面,3D 打印技术将"鲨鱼皮"材质运用于赛车车身前端表面的纹理设计,视觉冲击力极强。"阿里翁"的另一个独特优势在于它的节能环保性,它运用了一系列先进科技,如改良了电动驱动设备,有效减少了碳排放量,在打印过程中运用了生物合成的环保材料等。

图 3-3　3D 打印赛车"阿里翁"

3.3.3　3D 打印量产车

2014 年 11 月，美国亚利桑那州的 Local Motors 汽车公司打造了全球首
款量产 3D 打印汽车 Strati，如图 3-4 所示，整个制造过程仅用了 44 小时。

图 3-4　3D 打印汽车 Strati

很多人把这款车称为第一款 3D 打印的汽车，相较于 Urbee 2，Strati 可以说更算一款 3D 打印的汽车，因为 Urbee 2 只是打印了车壳的各个部分，然后拼装起来，而 Strati 的车壳完全是 3D 打印出来的。

Strati 总共有 49 个零部件，该车使用的是电池动力。整车座椅、车身、底盘、仪表板、中控台以及引擎盖都是 3D 打印的，材质为塑料和碳纤维。

该车的打印制造过程主要分为三个步骤。第一步：利用 ABS 塑料钢筋和碳纤维材料 3D 打印汽车的零部件，这个项目大约需要 44 小时。第二步：用数控机床完善零部件，提高尺寸及形状精度，以便于装备及提高使用性能，这一过程需要几个小时。第三步：将这些零件组装起来，不过，其中关键的零部件还是在传统流水线上制造的。

在美国 2016 年举办的一场汽车 3D 打印大赛上，美国 Local Motors 公司展示了多款打印的汽车作品，其中代号为 LM3D Swim 的 3D 打印汽车（见图 3-5）获得了冠军。

图 3-5　3D 打印汽车 LM3D Swim

Local Motors 公司发言人介绍，LM3D Swim 车身打印材料由 80％的 ABS 塑料和 20％的碳纤维合成，所以相比一般的汽车，车体重量明显减轻。

该车型已实现量产并销售。鉴于 3D 打印的灵活性，客户可以要求对 LM3D Swim 汽车进行独特设计，其车型也可以单独定制。

从目前来看，利用 3D 打印技术打印整车似乎不太现实，但 3D 打印技术已经可以根据需求定制零部件，甚至可以批量生产某些汽车零部件。很多汽车制造商都将 3D 打印技术用于制造汽车原型部件、研发概念车，以及打印操作工具和装配辅助工具。目前，多家车企正在考虑未来使用 3D 打印机批量生产汽车零部件，尤其是复杂的零部件。另外，一些汽车制造商已经开始大量生产需求旺盛的小批量定制零部件，通常是汽车内饰产品。

3.3.4　3D 打印发动机——奥迪 RSQ

随着我国经济和人民生活水平的提高，人们对汽车的要求也越来越高，传统的汽车已经满足不了人们的使用要求，于是，如何设计新的、性能更好的汽车，成了汽车制造商们每天都要考虑的问题。这使得汽车的设计越来越复杂，性能要求越来越高。汽车核心零部件向复杂化、轻量化及集成化方向发展，这要求整体化和集成化制造零部件。3D 打印技术最大的特点就是其成形过程与生产的产品复杂程度无关，在大型化且内部结构复杂的汽车发动机缸盖、缸体、进气排气管等零部件生产方面具有明显优势。此外，3D 打印技术可与铸造技术相结合，运用铸造材料快速铸造出发动机的零部件，并成功应用于汽车发动机设计研发过程中样机模型的快速制造。

2004 年的科幻电影《机械公敌》中的概念车奥迪 RSQ 便是德国奥迪公司专门为电影而设计的。让人意想不到的是，该概念车竟是使用德国 KUKA（库卡）公司的一个工业机器人 3D 打印出来的。如图 3-6 所示，该车并非汽车模型，而是一辆能够真正行驶的概念跑车。

图 3-6　奥迪 RSQ——3D 打印概念跑车

宝马可以算是该领域的先行者。据悉，宝马集团使用 3D 打印技术已有超过 25 年的历史，早在 2010 年，宝马就开始同时使用塑料和金属打印较小的汽车零部件。在过去 10 年，宝马利用 3D 打印技术生产了 100 万个零部件。该公司表示，仅在 2018 年，他们使用 3D 打印机生产的零部件就超过了 20 万个，同比增长 42%。宝马集团增材制造中心主任杰恩·埃特尔表示，我们将继续密切关注 3D 技术的发展和应用，并且希望可以同该领域领先的制造商进行长期合作。

前不久，德国汽车制造商宝马推出了该公司第 100 万个 3D 打印组件，即宝马 i8 Roadster 敞篷跑车的金属车顶支架。据了解，宝马仅用五天的时间就完成了开发，并迅速投入系列产品的生产。宝马采用了惠普的多喷流融合技术，这也是该技术首次用于汽车生产，该技术可在 24 小时内生产多达 100 个 3D 打印的金属车顶支架。

事实上，金属车顶支架并不是宝马 i8 跑车唯一的 3D 打印部件，甚至不是第一个。宝马的第一个 3D 打印部件是铝合金车辆软顶附件夹具，它比传统注塑组件更轻，同时更结实，今年该组件还获得了 Altair 启蒙奖。宝马集团生产战略负责人乌多·亨勒表示：使用 3D 打印技术生产的零部件，在材料成形阶段给了我们很大的自由度，这些零部件生产耗时短，品

113

质有保证。我们认为增材制造技术的潜力巨大，未来将应用于量产车型、个性化定制车型以及零配件供应等多个领域。

2018 年 5 月，宝马宣布，计划投资 1000 余万欧元在德国慕尼黑北部的上施莱斯海姆建立全新的增材制造研发和生产中心。同一时间，通用汽车宣布，未来将使用 Autodesk 的新设计软件来生产 3D 打印产品，制造轻量化部件。近日，梅赛德斯—奔驰也宣布，将借助 3D 打印技术对特殊经典车型中的天窗滑轨等部件进行小批量生产。此外，还有多家汽车厂商竞相注资与 3D 打印技术相关的初创公司。未来 3～5 年，3D 打印汽车零部件将迎来一波爆发式增长。

3.3.5　3D 打印底盘的跑车——刀锋（Blade）

一家来自美国旧金山的 Divergent Microfactories 公司推出了一款拥有 3D 打印底盘的跑车"刀锋"（Blade）（见图 3-7）。

图 3-7　拥有 3D 打印底盘的跑车"刀锋"（Blade）

它的底盘零件是 3D 打印的。70 个 3D 打印的铝制节点（见图 3-8）和碳纤维连接杆，拼接起来组成了刀锋的底盘。Divergent Microfactories 将这种底盘制作工艺称为"NODE"。

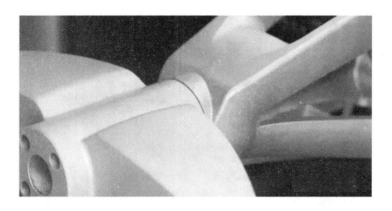

图 3-8 "刀锋"的铝制节点

"刀锋"的铝制节点和碳纤维连接杆不仅能够保证强度和耐用性，还能很大限度地降低车身的整体重量，Divergent Microfactories 称"NODE"工艺处理的底盘重量会比传统底盘低 90％，从而使"刀锋"的能耗和磨损比普通汽车低得多。

3.3.6 来自我国的 3D 打印汽车

图 3-9 所示为我国的第一台 3D 打印概念汽车。这台概念汽车由三亚思海三维科技有限公司开发研制，车身部分由复合材料 3D 打印而成，重约 500 千克，其余为组装配件，该车通过电力驱动，从设计到组装完成仅耗时一个月，其中 3D 打印阶段仅耗时 5 天。

3.3.7 德国 Light Cocoon 概念车

德国 EDAG 公司①推出的 Light Cocoon 概念车（见图 3-10），内部采用 3D 打印的树枝结构支撑，外覆高强度织物面料，面料每平方米重 19 克，整车重量可能比现有车辆减轻 30％以上。

---

① 德国独立汽车设计公司。

图 3-9　中国 3D 打印的概念汽车

图 3-10　德国 Light Cocoon 概念汽车

这款全新概念车被定义为紧凑型跑车，使用了完整的、经过仿生学优化的车辆结构，以及高科技防风雨织物面料外壳面板。Light Cocoon 改变了以往全封闭覆盖车体结构，使用的是更加稳定的支撑承载结构，虽然看上去有很多中空不那么安全，但完全满足扭转刚度、弯度强度、行人保护和轻质化要求。

随着电动汽车的发展，人们对于汽车轻量化的需求越来越强烈；随着汽车市场的激烈竞争以及消费者喜好的变化，整车厂推出新款汽车的周期越来越短；而随着个性化需求的发展，汽车定制将成为主流。

这一切都告诉我们，3D 打印汽车有着非常美好的前景，重点是技术和材料的突破，相信在未来 3D 打印技术在汽车上的应用会越来越广泛。

3.4　3D 打印技术对汽车行业的影响

3.4.1　3D 打印技术对汽车设计理念的影响

1. "私人定制"平民化

传统的汽车设计是建立在工业化大批量生产基础上的，这意味着消费者的差异性、个性化需求很难得到满足。在汽车界，私人定制、手工打造、限量版等词语是属于"贵族"消费者的，高昂的汽车生产成本，使普通大众没办法享受到与众不同的产品体验。

3D 打印技术的发明必将突破这一界限，个性化设计与生产成本之间将不存在必然的联系，二者将不再互相制约，这使高端定制的汽车产品平民化，更多的消费者可以享受到符合自己品位和爱好的独特的汽车设计服务。3D 打印技术必将开启一个全新的体验时代。

2. "以人为本"深入化

在汽车设计过程中，设计师对数据的提取、研究和运用，只能依靠大部分客户的普遍偏好或"平均尺寸"来取舍，人机工程学的发展便是通过对大多数人的身体结构、比例状况等方面的数据进行测量和统计，选取平均值，总结归纳出最优也是最"妥协"的设计规律，以尽可能多的方式满足大多数人群的生理和心理需求。批量化的生产工艺，使消费者被迫接受

"一模一样"的产品，人们的不同需求无法得到满足。人们只能让自己去适应产品，不能考虑自己在使用产品过程中的主观感受。面对汽车设计中不尽如人意的地方，面对汽车内饰设计中烦琐不易操作的设备、极为不合理的仪表盘布局设计以及冰冷的缺少人情味的材质使用等问题，大众似乎只能接受。

3D 打印技术的出现，改变了这一传统的既定思维模式，消费者可根据自身条件、动作习惯甚至不同的产品使用情景，自行设计与改变汽车外观造型、内饰格局等，为自己量身定做一款真正独一无二的汽车，使汽车的生产模式在不提升制造成本的基础上从万人一式逐步转为百人一式、一人一式，甚至一人十式，真正体现出"以人为本"的设计理念。

3.4.2　3D 打印技术对汽车外观造型设计的影响

1. 功能与形式、艺术与技术的完美统一

3D 打印技术的产生，让人类功能与形式相统一的理想有了实现的可能性。就汽车设计领域而言，3D 打印技术让汽车设计师的想象力不再受到传统机械制造工艺的制约，任何天马行空的设计理念都有可能变为现实。如图 3-11 所示的 20 世纪 80 年代的桑塔纳，造型较为简陋，已满足不了人们的美学追求。

图 3-11　20 世纪 80 年代的桑塔纳

随着未来科技水平和世界经济的发展，消费者对汽车设计的要求不再仅仅停留在满足基本使用功能上，人们对汽车造型设计中的人文艺术和美学表达有了更多、更高的要求。汽车造型多元化的发展趋势，使美学要素在众多要素（如技术、工艺、材料、经济、环境等方面）中的地位得到了提升，大众针对汽车造型的审美观有了进一步的改变。汽车设计师应更加注重汽车的外观造型创新和内饰功能创新，将艺术与技术完美地结合在一起。设计师借助 3D 打印技术可使汽车造型更加艺术化，更加富有视觉冲击力。

如图 3-12 所示的由奔驰公司在美国加利福尼亚州的前景设计部设计的奔驰 Biome 概念车，便在汽车造型设计上突破了传统的设计理念，整个车身浑然一体，极具未来前瞻性。整车主要由白色有机生物纤维材质和全景式车窗两部分结构组合而成，摒弃了传统汽车制造中多种复杂材料和零部件组合拼接的工艺手段，具有完整统一性和视觉冲击力，该款概念车一经亮相便引起了人们的广泛关注。

图 3-12 奔驰 Biome 概念车

2. 有机设计、仿生设计的形态创新

进入 21 世纪，有机设计的定义再次被扩展，工业化社会逐步进入信息时代，有机设计的载体和表现形式更加多样化，人们在对自然界的适应、保护方面融入有机概念，这从环保角度拓展了有机设计的应用领域。如图 3-13 所示，宝马概念车 i8 在造型上的设计概念便由自然界的蝉翼引申抽象而来。拥有优美曲线的板材层层叠加，减少了接缝结构，使整车风阻系数最小化，达到了减少燃料消耗的环保目的。有机设计是设计师对于原始生命和自然能量的不懈追求，是人类返璞归真的美好愿景，同时也为未来汽车设计指明了新的发展方向。

图 3-13 宝马概念车 i8

3D 打印技术利用多种不同算法和公式，对自然界的实物尺寸、属性进行统计、归纳和分析，通过设计师的抽象和提炼，最终以实物形式将其呈现出来。例如，一粒小小的籽晶根据固定、有规律的重复模式生长并扩散开，便可形成汽车前挡风玻璃上的一片冰晶体。

设计师从大自然的有机世界中获取灵感，在有了初步方案后通过 3D 打印机打印出草模样品，观察、调整产品的线条、结构及材料等要素，使其更具曲线美感，随后打印并组装各部分，形成精细的实物模型。

楔形汽车是在鱼形车的基础上升级而来的，因为鱼形车行驶起来容易产生很大的升力，这样会使得汽车行驶的稳定性和操纵性降低，人们进行了反复的探索后，终于解决了升力的问题，就是将汽车车身整体向前下方倾斜，这种形状有效地克服了升力带来的问题。楔形汽车如图 3-14 所示。

图 3-14　楔形汽车

人们对鸟类和鱼类进行研究发现，在一些情况下，不光滑的表面更能有效地减小空气阻力。宝马设计了一款名为 Lovos Concept 的概念车（见图 3-15），这款车的车身镶满了金属鳞片，可有效地减小空气阻力，这些鳞片上还覆盖着太阳能电池，可以为车提供动力，既节约能源，又保护环境，这是一款前所未有的太阳能动力概念车。

图 3-15　Lovos Concept 概念车

这些仿生设计如果用传统加工方法加工，将面临各种加工困难，但采用 3D 打印技术则很容易实现。

3.4.3　3D 打印技术对汽车内饰设计的影响

随着数码时代和体验经济时代的到来，以用户体验为主导的数字化高科技设计，必将是内饰设计的国际流行趋势，汽车内饰必然会成为"以人为本"的高科技产物。人机工程学、交互设计、感性工学、心理学等多学科的交叉，为汽车内饰设计的功能开发奠定了扎实的基础。服装、家居、动漫、珠宝等多领域的跨界合作，让汽车内饰更加丰富、炫目。用户体验设计作为未来汽车内饰设计的核心，将成为人们生活的主导。

3D 打印技术的加入，使汽车内饰设计更加多元化、智能化。个性化的内饰定制、高效的 3D 打印速度、便捷的 3D 打印操作，为用户实现独一无二的汽车内饰体验提供了可能。同时，汽车从设计上真正开始以用户为中心，众多基于用户心理层面上的设计得以实现。同时，面向用户的网络化人机智能交互系统在汽车操作系统方面的应用，使计算机、3D 打印系统与用户之间的关系更加紧密。

3.4.4　3D 打印技术对整个汽车设计流程的影响

1. 设计流程的并行化设计

所谓设计流程并行化，是指在汽车设计过程中，将原有纵向顺序逐一进行的直线型设计工序并列开来，在每个工作环节都并行考虑汽车生产流程甚至汽车投入使用后生命周期中各个阶段的影响要素，使汽车设计的各个环节协同作用。尤其是在设计前期工作中，通过 3D 打印模型进行可能性问题的分析和预测，可以在最大限度上减少设计反复，提高设计效率。其中，不同领域设计团队的相互交流，也是推进设计顺利进行的重要条件之一，设计师、结构师、建模师、工程师等不同专业人员对 3D 打印样品模型进行意见汇总，可更加快速、直观地总结出汽车设计中存在的问题，也有利于每个环节的工作人员尽早获取更多相关信息，解决传统直线型工作流程中沟通不畅影响工作效率的问题。

2. 多领域人员的协同合作设计

采用 3D 打印技术，整个团队不同领域的工作人员可以共同审核产品模型，设计部与工程、市场、质量检测等部门实时沟通交流信息，尽早汇总各方意见，使整车设计在最初阶段便充分考虑到各方面的因素和限制条件，从而选择最优化的解决方案，为整个团队的协同合作起到更积极的作用。

3.5 总结

3D 打印技术将为汽车制造业注入新的血液。独立设计品牌和设计全民化将引领汽车设计行业未来的发展方向，设计方案的研发将以"设计众包"的方式公开讨论。同时，3D 打印技术将使传统化石燃料汽车向着更加环保的方向发展。

中国未来 3D 打印市场在汽车设计中的发展前景广阔，但又困难重重。3D 打印技术的发展，加快了我国从制造强国向创造强国的转变进程，未来的"全民设计"趋势必将带动工业、生活、经济的发展。

4
3D 打印在医疗行业中的应用

医疗行业是目前 3D 打印技术发展最为迅猛的行业。3D 打印技术具有灵活性高、数量不限、成本节约等特点，能够非常好地满足医学领域个体化、定制化的需求。

4.1 3D 打印在医疗行业中的应用特点

1. 定制化

3D 打印在医疗领域应用的最大优势，是可以方便地生产定制化产品和设备。例如，使用 3D 打印定制人体假肢和植入物，为患者和医师提供了极大的便利。另外，3D 打印可以定制外科手术用的夹具、固定装置等，极大地缩短了手术时间，提高了手术成功率，缩短了患者术后恢复时间。未来，3D 打印技术也将用于患者的药物类型、剂量选择等。

2. 提高成本效益

3D 打印在医疗领域应用的另一个优势在于可以降低成本。3D 打印在小批量生产成本的控制方面优势明显。而传统生产工艺，只有在大批量生产条件下才能降低成本。在小尺寸的人体植入物如脊柱、牙齿或头颅修复方面，3D 打印的成本非常低，有利于小批量产品试制及模型验证的推进。

3. 提高生产效率

3D 打印可以在几小时内便加工出一件产品。例如，在假肢和人体植入物方面，传统的加工工艺需要经过球磨、锻造的加工过程，有一个很长时间的交货期，而 3D 打印只需将模型输入打印机，数小时内便可以完成产品的生产与交付，这使得它在假肢和人体植入物方面比传统的加工方式效率更高。除了速度方面，在质量方面，例如尺寸精度、可重复性及可靠性等，3D 打印也正在改进。

4．自由化

3D 打印的另一个优势是任何人都可以通过该工艺去设计和制造产品。目前，越来越多的材料逐渐被 3D 打印所使用，并且这些耗材的成本正在逐步降低，于是更多的人可以根据自己的想法去设计和打印一些新兴事物。

3D 打印可以很好地实现设计共享，研究者可以在公开的数据库中很方便地获取 STL 格式的参数及数据模型文件，通过对该模型进行 3D 打印，可以得到医疗器械及装置的复制品。为此，2014 年，美国国立卫生研究院建立了 3D 打印部，用来促进 3D 模型文件在医疗、解剖、细菌和病毒领域的数据共享。

4.2 医疗行业中的 3D 打印类型

目前，在医疗领域所使用的 3D 打印技术种类较多，主要有以下几种，如图 4-1 所示。

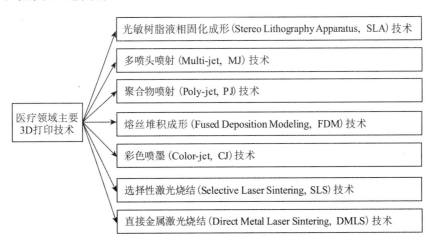

图 4-1 医疗领域常用的 3D 打印技术

另外，数字光固化（Digital Light Processing，DLP）技术、电子束熔融（Electron Beam Melting，EBM）技术、薄片分层叠加成形（Laminated Object Manufacturing，LOM）技术等热门的 3D 打印技术，也在医疗领域得到了一定程度的应用。医疗领域除了 3D 打印技术种类多外，能够被利用的材料也很广泛，如热塑性塑料、金属粉末、石膏粉末、陶瓷粉末、钛合金、光敏聚合物、铝箔、塑料薄膜等。目前被医疗领域 3D 打印技术所利用的材料主要分为两类：非生物材料和生物材料。其中，非生物材料主要指金属粉末、石膏粉等材料，使用较为广泛；而生物材料是指具有一定生物活性的材料，其中包含蛋白质、细胞等生物单元，生物材料主要使用在细胞打印技术中。随着各种 3D 打印技术在医疗行业的深入应用，它们各自的优缺点及适用场合也得到了一定的研究。

表 4-1 针对医疗领域常用的 3D 打印技术，从打印材料、成本等方面对它们进行了较为全面的比较。

表 4-1　　　　　　　　　医疗领域 3D 打印技术比较

工艺类型	打印材料	成本	打印精度	成型模式
SLA	—	较低	高	—
MJ	—	中	良	—
PJ	光敏聚合物	较低	高	激光＋液态热固性光敏树脂
FDM	热塑性塑料	低	低	喷嘴＋光敏树脂
SLS	光敏聚合物、金属、陶瓷	较低	低	激光＋液态热固性光敏树脂/水溶性材料/热溶性材料
EBM	光敏聚合物、金属、陶瓷	高	高	喷嘴＋热塑性塑料丝材

从表 4-1 可以看出，光敏树脂液相固化成形（SLA）技术、多喷头喷射（MJ）技术和聚合物喷射（PJ）技术，相较其他成形工艺，这三种成形工艺具有较高的成形精度、较薄的层厚以及相对低廉的经济成本，是较为理想的成形工艺，在未来的医疗领域具有较好的应用前景。

表 4-2 为在医疗领域常用的 3D 打印材料的特点及主要应用。

表 4-2   医疗领域常用 3D 打印材料比较

原材料	3D 打印方式	特点	主要应用
高分子材料	SLS、FDM 等	可塑性强、可降解等	支架，用于骨整形及修复等
金属粉末	SLS、DMLS、EBM、LENS 等	强度高、机械性能好	关节白杯、下颌骨假体等
陶瓷粉末	SLM、SLS 等	耐磨性好、生物相容性好	人工骨架、生物陶瓷涂层等
生物材料	SLA、FDM 等	有活性、可打印生物细胞组织	人体器官、乳房假体等

4.3 3D 打印在医疗领域的应用研究

3D 打印从 2000 年开始被应用于医疗领域，最早用于牙齿、人体植入物和定制化修复过程，从那时起，医疗应用便发生了很大改变。最近发布的研究表明，3D 打印可以制造人体各种器官组织，包括骨骼、耳朵、气管、颌骨、眼睛、细胞、血管、组织，以及药物及输送装置等。目前，3D 打印医疗应用主要分为以下几个方面：器官及组织制作；假肢、植入物及解剖学模型制备；药物的发现、输送及剂型研究。

4.3.1 3D 医疗打印过程

1. 获取数据

利用电子计算机断层扫描（Computed Tomography，CT）、磁共振成像（Magnetic Resonance Imaging，MRI）、正电子发射计算机断层显像（Positron Emission Tomography，PET）等技术获取患者生物体的三维立体数据信息，利用 CT 扫描成像原理采集患者生物器官三维原始数据，如图 4-2 所示。

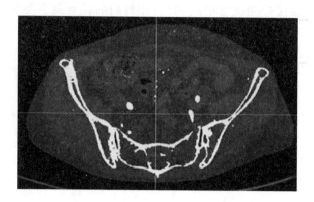

图 4-2   CT 扫描获取三维数据

2. 三维建模

使用三维建模软件对生物体结构（含病变结构）进行三维建模，并以 DICOM（医学数字成像和通信）、STL 格式文件存储备用，如图 4-3 所示。

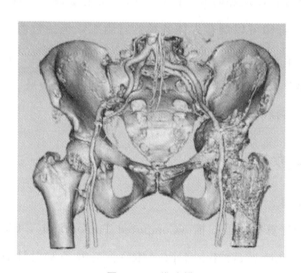

图 4-3   三维建模

3. 3D 打印

将生成的 STL 等三维数据文件导入 3D 打印设备，利用 3D 打印设备打印出所需的医疗结构，如图 4-4 所示。

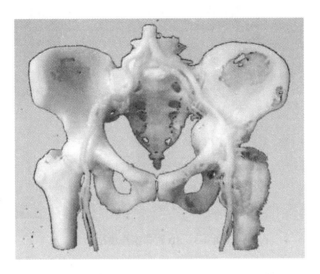

图 4-4　3D 打印医疗结构

4.3.2　医疗模型

随着 3D 打印技术及计算扫描技术以及 CT 等成像技术的日益成熟，获取病原体或其他生物体的三维立体数据信息然后快速打印出三维立体医疗模型，变得简单起来。与传统方式比较，医疗模型能够更加清晰、直观、立体地反映人体器官的内部真实结构，可帮助医生分析患者病情、制订手术方案以及进行手术模拟，从而大大提高了复杂手术的成功率；同时，还可用于实践教学，让学生看得见、摸得着，从而增强感性认识，提高学习效率，具有重大的应用价值及发展前景。

目前，国内外纷纷投入大量人力、物力从事 3D 打印医疗模型技术的研究，并取得了比较好的效果。图 4-5 展示了一些 3D 打印的医疗模型。

来自荷兰代尔夫特理工大学的 Technology 研究小组，使用 3D 打印的人类心脏模型开发了一种新的导管，用以拯救心脏病患者生命，如图 4-6 所示。

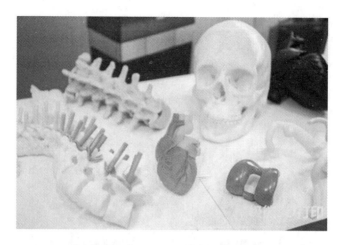

图 4-5　3D 打印医疗模型

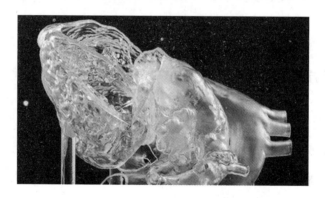

图 4-6　使用 3D 打印心脏开发的导管

新开发的导管具有"改进的机动性"，可以打开使用导管处理越来越复杂的心脏手术的大门。

2017 年 3 月初，波兰克拉科夫一医学团队成功 3D 打印了一名 52 岁女患者的肝脏模型，在对该患者的肝脏进行 CT 扫描后，团队使用 PLA 彩色材料进行 3D 打印，3D 打印的肝脏内部肿瘤模型如图 4-7 所示。整个打印时间约 160 小时，模型成本低于 150 美元，将成本降低至消费者可接受的水平。通过该模型，医生可定制、完善治疗方案，这样对手术成功率的提升有很大的帮助。

图 4-7　3D 打印肝脏内部肿瘤模型

3D 打印心脏模型曾挽救过美国洛杉矶某婴儿生命。当 18 个月大的 Nate Yamane 由于心脏肺动脉变窄危及生命时，儿科心脏病专家 Frank Ing 意识到 Nate 需要一个支架——一个用于治疗狭窄或弱动脉的小网状管。对 Nate 的心脏进行 CT 扫描获取数据后，医疗团队创建了阻塞区域的 3D 打印心脏模型，如图 4-8 所示。Ing 博士制作了一个特殊的小型支架，以适应狭窄动脉，结果是成功的，Nate 的氧水平过了一晚上就得到了改善。

图 4-8　3D 打印心脏模型

2019 年 4 月，3D 打印心脏技术获得突破，以色列特拉维夫大学纳达

夫所在的研究团队，首次打印出拥有细胞和血管的完整"心脏"，如图 4-9
所示。

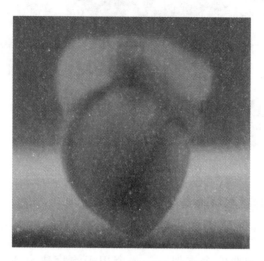

图 4-9　3D 打印完整"心脏"

该"心脏"拥有清晰的血管脉络。研究人员从患者身上采集了脂肪组织，并且将其中的细胞和非细胞物质分离开来，分离出的细胞随后与特制的打印材料混合到一起，打印出适合患者的心脏组织。

3D 打印神经网络系统模型，可以更加清楚地展示人体中复杂的神经网络系统，如图 4-10 所示，这为神经外科医生的研究提供了帮助。因为脑神经、血管、脑结构和颅骨结构之间的关系是错综复杂的，仅基于 2D 图像很难产生更加全面的认识，如果有微量的偏差，对后续的解剖过程可能带来潜在的影响。一个逼真的 3D 模型可以全面反映病灶与正常脑部结构之间的关系，这对指导后续的手术操作是非常有利的，它也可以为神经外科医生在面对具有挑战性的手术前提供演示性操作。

此外，通过使用 3D 打印模型，也可以更好地研究骨骼变形及骨折等问题。图 4-11 为 3D 打印的 1∶1 比例的复杂髋臼骨折模型。

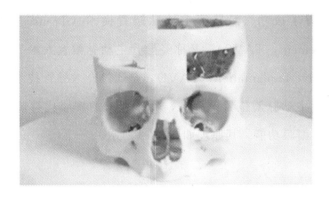

图 4-10　3D打印神经网络系统模型

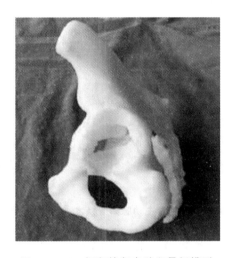

图 4-11　3D打印的复杂髋臼骨折模型

　　利用该骨折模型，医生可以更加直观地了解病情，并进行手术预演，从而获得更好的治疗方案；同时，模型还方便了医生与患者间的沟通与交流，能确保矫正手术的实施与后期治疗的开展。

　　在国内，3D打印在医疗行业中的应用也得到了快速发展，3D打印的医疗模型在心血管外科、口腔颌面外科、神经外科等方面得到了广泛应用。

　　例如，复旦大学附属中山医院利用3D打印医疗模型实施的主动脉瓣置换手术取得了成功。经导管主动脉瓣置换术（Transcatheter Aortic Valve Replacement，TAVR），又称经导管主动脉瓣置入术（Transcatheter Aortic Valve Implantation，TAVI），是通过介入导管技术，将人工心脏瓣膜输送至主动脉瓣位置并置入，利用置入的瓣膜代替原来病变的瓣膜，从而恢复瓣膜功能。其原理如图 4-12 所示。

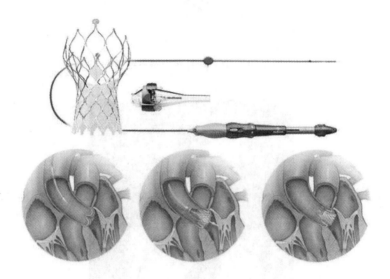

图 4-12　经导管主动脉瓣置换术（TAVR）原理

利用 CT 成像及三维建模技术，可以先对患者主动脉瓣膜建模，从而获得三维立体数据，如图 4-13 所示。主动脉壁和小叶被半透明地描绘，钙化被绘成红色，嵌入的纤维被绘成绿色。

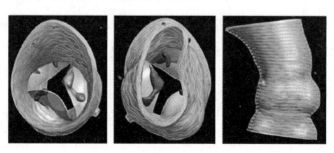

图 4-13　主动脉瓣膜三维建模

然后，利用 3D 打印技术打印出患者的心脏瓣膜医疗模型，如图 4-14 所示。钙化和纤维用黑色材料印刷。

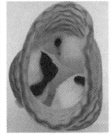

图 4-14　3D 打印心脏瓣膜医疗模型

沈阳军区总医院利用生物 3D 打印技术打印了一系列肾脏模型用于教学，取得了良好的教学效果，如图 4-15 所示。

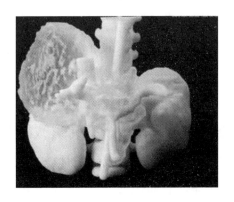

图 4-15　3D 打印肾脏模型

4.3.3　生物组织与器官打印

因衰老、疾病、事故和出生缺陷导致的器官损伤或器官功能衰竭，是一个严重的医学问题。目前，对器官衰竭的治疗主要依靠器官移植，这些器官一般来自其他人或者逝者的捐赠。但是，活体器官捐赠一直面临着数量短缺问题。器官移植面临的问题，一是器官移植手术和后续手术费用昂贵，二是器官移植中，寻找和患者器官组织相匹配的供体难度非常大。从器官移植患者自身取得细胞，通过细胞培养技术生成一个替代器官，将降低组织排斥反应的风险以及传统移植需要终身服用免疫抑制剂带来的痛苦。

基于生物组织工程的再生医学治疗，被认为是解决器官供体短缺问题的一种有发展前景的方案。基于生物组织工程的再生医学治疗的原理，是将干细胞从组织样本中分离出来，将其与生长因子混合，在实验室中繁殖，然后将这些细胞接种到细胞增殖平台上，最后分化为功能性组织。这种方法虽然目前仍处于起步阶段，但是在细胞增殖支架等方面比传统的再生方法具有明显的优势，例如，细胞的高精度定位、速度控制、细胞浓度控制和细胞打印尺寸控制等。

细胞 3D 打印是利用生物材料通过 3D 打印技术逐层、连续创建三维组织结构，从而实现细胞、生物组织的直接成形。其中，用于构建支架的材料有多种，材料的选择取决于生物结构所需的强度、孔隙率和组织类型。通常，水溶胶被认为是生产软组织的最佳材料。

生物 3D 打印系统主要以激光、喷墨和挤压成形为主，其中，喷墨打印技术最常见。这种方法是将活细胞或生物材料的液滴按照数字模型的轨迹，沉积在基板上来复制人体组织或器官。设备系统中的多个打印头，可以用来存放不同类型的细胞（血管、肌肉），以满足整体生物组织及器官的成形需要。

生物 3D 打印器官的过程：

（1）创建血管及组织的三维数字模型；

（2）建立打印策略；

（3）分离干细胞；

（4）将干细胞分化为特定器官的细胞；

（5）制备 Bioink（生物墨水），其中包含特定器官细胞、血管细胞和运载基质，随后将其放入打印机；

（6）进行生物 3D 打印；

（7）将打印完成的器官放入生物反应器。

激光打印也被应用于细胞打印，激光能量常用于激活细胞，提供细胞外环境的控制。虽然生物器官 3D 打印技术仍处于起步阶段，但是多项研究已经证明该项技术的可行性。有研究者已经使用 3D 打印技术制造膝关节半月板、心脏瓣膜、脊柱盘、其他类型的软骨以及人工耳。Cui 等已经利用喷墨 3D 打印技术修复人类关节软骨。Wang 等使用 3D 打印技术在多种生物相容性良好的水溶胶中打印细胞来重建人工肝脏。密歇根大学的医生在新英格兰医学杂志上发表了一个案例，其使用 CT 扫描患者的呼吸气管管道，得到图像，对患者支气管进行再建模，然后利用 3D 打印技术打印出气管夹板，将其成功植入一个患有支气管软化症婴儿的气管，并预计三年内夹板将在婴儿体内被完全吸收。

1. 永久植入体

3D 打印技术在永久植入体等方面也有广泛的应用前景。以骨骼植入体为例，人体骨骼形态都是独一无二、与众不同的，传统人造骨骼植入体无法做到与生物体理想化的 100% 的匹配度，并且伴有制造周期长、成本高等弊端。3D 打印技术的出现，为植入体与生物体 100% 匹配度的实现提供了可能。3D 打印技术能根据患者的自身骨骼特征对骨骼植入体进行个性化外形定制，而且 3D 打印技术能根据生物个体自身骨骼内部结构特征精确控制骨骼植入体的孔隙率和微孔的大小，从而构造出外形和结构都与生物体相匹配的植入体。3D 打印技术所构建的高匹配度的植入体成本相对低廉，在缓解患者痛苦的同时也将减少患者的经济负担，因此其势必会推进医疗植入体的发展。

目前，3D 打印技术打印人工骨骼植入体的研究工作在国内得到了飞速发展，尤其是一些高校和研究机构。其中，较为突出的是北京大学第三医院，其在脊柱及关节外科领域打印出了颈椎椎间融合器、颈椎人工椎体及人工髋关节等数十种生物植入体，图 4-16 为北京大学第三医院为患者植入的 3D 打印脊柱。

图 4-16　3D 打印脊柱

2017 年 3 月广东省完成首例 3D 打印换脊骨手术。南方医科大学第三附属医院（广东省骨科医院）骨肿瘤科团队成功为一名脊索瘤患者切除了脊椎，并植入 3D 打印人工椎体，这是广东省完成的首例 3D 打印换脊骨手术。个性化的 3D 打印人工脊柱有利于保护神经，更利于术后骨愈合。

国外利用 3D 打印技术构建人工骨骼的技术已日趋成熟，例如，国外利用 CT、CAD 技术，通过选择性激光烧结技术（SLS）3D 打印出了人体颅骨植入体（见图 4-17），成功对患者进行了面部创伤修复。

波兰波兹南工业大学利用 SLM 技术成形出微创髋关节置换术的植入

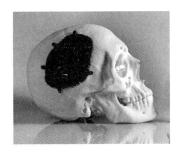

图 4-17　3D 打印人体颅骨植入体

体（见图 4-18），经过试验，成功与生物体进行了配对。

　　澳大利亚皇家墨尔本理工大学和医疗设备公司 Anatomics 组成的研究团队，携手为脊椎病患者制造出了 3D 打印的脊椎笼子（见图 4-19），术后无排异反应，经过 3 个月的康复，患者已能正常生活。

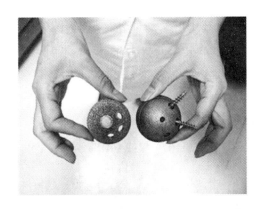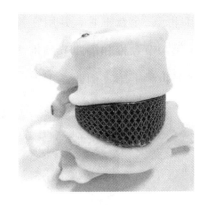

图 4-18　研磨和抛光处理后的髋关节植入体　　　　图 4-19　3D 打印脊椎笼子

　　澳大利亚成功实施首例 3D 打印钛－聚合物胸骨植入手术。澳大利亚墨尔本医疗植入物公司 Anatomics 和英国医生联手，为 61 岁的英国患者 Edward Evans 实施了 3D 打印钛－聚合物胸骨（见图 4-20）植入手术，这也是全球首创。这种新型植入物比以前的纯钛植入物能更好地帮助重建人体内的"坚硬与柔软组织"，患者术后仅 12 天就出院了，并且目前恢复良好。

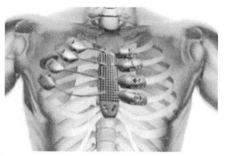

图 4-20　3D 打印钛－聚合物胸骨

印度 Medanta—The Medicity（印度梅第奇支柱医院）的医生们让一名一直患有脊柱结核的 32 岁妇女再次行走。这是印度首次进行此类手术。女患者的第一节、第二节和第三节颈椎严重损伤，这意味着在她的颅骨与下颈椎之间没有任何骨骼支撑。借助先进的金属 3D 打印技术，医生们 3D 打印了一个钛椎骨，并用它替代了患者脊柱中的受损部分，从而有效填补了第一节颈椎和第四节颈椎之间的空白，手术一共进行了 10 个小时。这也是世界上第三例此类手术。3D 打印的钛椎骨如图 4-21 所示。

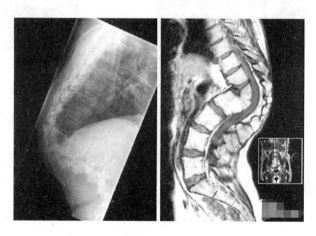

图 4-21　3D 打印的钛椎骨

Zopf 等成功将 3D 打印的气管支架（见图 4-22）植入一个患有支气管

软化症的婴儿体内，术后患者恢复正常。

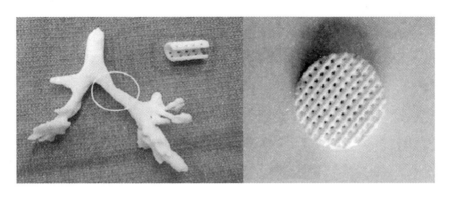

图 4-22　3D 打印的气管支架

2. 组织工程支架

与传统组织工程支架制备技术相比，3D 打印技术的主要优势在于：制备的多孔支架具有 100% 的连通性，且支架的外形结构不再受到传统工艺的制约；同时，3D 打印技术通过 CAD/CAM 软件系统精确地控制组织工程支架的内部连通孔的孔隙率和孔结构，为细胞正常的生长、繁殖和迁移，以及氧气及营养物质的输送等构建最为合理的微环境。另外，3D 打印工程支架技术是由计算机控制并完成的，具有较好的重复性。

目前，国内利用 3D 打印技术在组织工程支架构建方面已经取得一定的成效。例如，西安交通大学利用3D 打印技术打印出由羟基磷灰石/β-磷酸三钙组成的双相磷酸钙陶瓷支架（见图 4-23），该支架可用于骨组织工程。

Ariadnaa 等采用基于熔融沉积成

图 4-23　3D 打印的双相磷酸钙陶瓷支架

形技术的打印机优化聚己内酯（PCL）支架参数，打印出适合癌症细胞培养的聚己内酯支架，如图 4-24 所示。

图 4-24　3D 打印的聚己内酯支架

Ma 等通过 3DP 低温打印，用明胶与海藻酸钠打印出支架，如图 4-25 所示。

图 4-25　3D 打印的明胶与海藻酸钠支架

Cox 等采用 ZPrinter 310 三维打印机，用羟基磷灰石打印出适合骨组织生长的支架（见图 4-26），并间接处理得到多孔支架。

图 4-26　3D 打印的羟基磷灰石支架

Sapkal 等使用熔融沉积成形技术间接制造患者特异性羟基磷灰石/β-磷酸三钙支架，如图 4-27 所示。

图 4-27　3D 打印的羟基磷灰石/β-磷酸三钙支架

在国外，3D 打印制造的组织工程支架的成功运用更加广泛。德国慕尼黑工业大学（TUM）使用 3D 打印技术构建软骨细胞恢复所需的超细纤维支架，该技术的突破将给软组织工程在关键部位如心脏和乳房重建等带来新的契机。

韩国高丽大学使用聚己内酯（PCL）材料制造生物支架，随后对兔子尺骨缺损部位进行 PCL 支架（见图 4-28）移入试验，经过一段时间，兔子缺损尺骨部分在 PCL 支架的引导下复原成功。

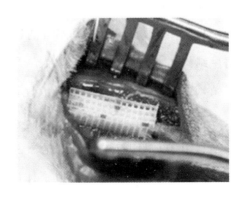

图 4-28　兔子尺骨 PCL 支架

3. 体外仿生三维生物结构体

3D 打印技术快速构建体外仿生三维生物结构体为 3D 打印技术在医疗领域的应用提供了新的途径，特别是在模拟临床试验方面。因为道德和安全等诸多原因，当前模拟临床试验的研究方法主要是在二维平面进行，但二维模型缺乏细胞和细胞外基质间的相互作用，细胞的形态和功能也与人体真实组织存在差异，所以并不能进行实质性的科学药理分析。于是，人们想到了使用动物模型进行研究，但由于动物与人的种属本质存在差异，所以也不能够完全模拟人体组织结构。3D 打印技术的出现解决了上述问题。利用细胞、蛋白质等生命单元作为打印原材料进行 3D 打印，将能构造体外仿生三维结构体。体外仿生三维结构体将能够完全模拟生物体微环境，该结构体具有一定的生物功能和生物活性，医疗人员可以借助体外仿生三维结构体很好地进行病理研究分析和大通量的药物筛选。目前，国内外利用 3D 打印技术构建体外仿生三维结构体的研究都处于初步阶段，仍有许多关键技术亟待突破、关键问题亟待解决，但其巨大的实用价值及经济效益将会引起科研人员的广泛关注，可以预见，在不久的将来，体外仿生三维结构体的 3D 打印技术必将迎来飞速发展。

目前，国内在构建体外三维仿生结构体方面已经有了初步进展。北京口腔医院利用 3D 生物体打印技术打印出以海藻酸钠和人体牙髓细胞混合物为原材料的三维仿生结构体。经过实验检测，人体牙髓细胞在三维仿生结构体中仍能生长增殖，这一重要发现无疑将极大地推进 3D 打印生物结构体技术在人体牙再生领域的应用。

杭州电子科技大学利用 3D 打印技术打印出体外含卵巢癌细胞的三维结构体，如图 4-29 所示。该结构体准确地模拟了体内肿瘤的生长机制，无疑将为肿瘤的研究和抗癌药的研制提供有力的技术支持。

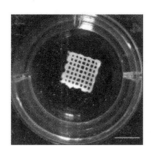

图 4-29　3D 打印含卵巢癌细胞三维结构体

Kundu 等利用聚己内酯-藻酸盐-软骨细胞的混合物，打印出应用于软组织工程的软骨细胞结构体，如图 4-30 所示。

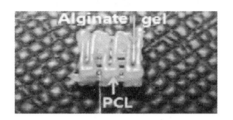

图 4-30　聚己内酯－藻酸盐－软骨细胞结构体

日本佐贺大学宣布该校胸部心血管外科的助教伊藤学和 Cyfuse（一家日本 3D 生物打印公司）共同研发出了仅利用患者自身细胞构成的人造血管，如图 4-31 所示，并正式开展以重建血管通路为目的的临床研究，该研究是全球首例利用 3D 生物体打印技术用细胞制造人造血管进行的再生医疗移植。

图 4-31　3D 打印人造血管

4.3.4 康复医疗器械

康复医疗器械中常见的假肢、助听器等具有小批量、定制化等特点，它们的形状要符合人体结构，形状复杂，并且存在个体差异，传统加工方法很难实现加工，而 3D 打印技术，具有能成形复杂形状的特性，且能定制化生产，所以用 3D 打印技术打印康复医疗机械的显著优势，是成本低、制作简单、能实现各种复杂医疗器械的制作。

图 4-32 为史上最小的 3D 打印定制钛金属助听器，其名为 Virto B-Titanium，它由全球领先的助听器制造商 Phonak 与德国 3D 打印公司 EnvisionTEC 合作开发而成。该助听器外壳和主要部分均由 3D 打印，并且外壳材料由重量更轻、强度更高的钛金属取代了传统的丙烯酸，这使其外壳的厚度在同等安全程度的情况下减小了 50%（大约 0.2mm）。

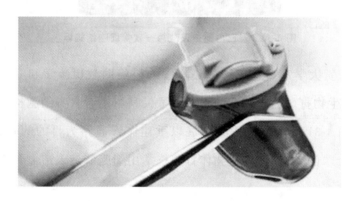

图 4-32 3D 打印定制钛金属助听器

3D 打印技术制作助听器的优势主要有三个：第一，可以大大缩短定制时间（3D 打印设备可在 1 小时内大约打印出 60 多个助听器壳或 40 多个耳模）；第二，可以使助听器更加精确地适配使用者的耳道形态；第三，克服了传统耳模制作受制作人员技术影响的缺陷，它的精度主要取决于打印设备，与制作人员技术无关。

4.3.5 3D 打印在口腔科的应用

随着 3D 打印技术的成熟，专业义齿生产企业、牙科诊所及实验室都引入了 3D 打印技术，3D 打印技术精度高、成本低、效率高等的特点，正好符合牙科行业的要求。

3D 打印技术可用来打印患者牙齿模型，首先通过扫描口腔来收集（大约需要 2 分钟）制作模型需要的三维数据，然后利用三维数据直接打印成形。3D 打印技术可以用来制作模具并可辅助生产牙冠、假牙等，还可以作为与患者沟通的桥梁，与患者一起模拟、规划手术过程。

图 4-33 所示为 3D 打印牙齿模型。

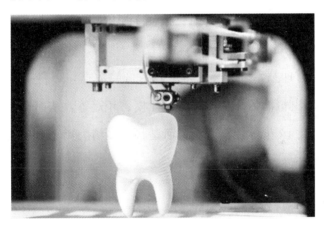

图 4-33 3D 打印牙齿模型

3D 打印技术可直接打印义齿。Envision TEC 公司发明了一种可直接打印牙齿的 3D 材料，并获得了美国食品药品监督管理局（FDA）的认证，用这种材料打印的临时牙冠，患者可佩戴的时间甚至长达 5 年。

此外，3D 打印牙齿矫正器也得到了应用。利用 3D 打印技术打印的透明的牙齿矫正器不仅具有隐形、美观的特点，而且尺寸更适合患者在矫正期间每个阶段的牙齿状态，而传统方式主要是依靠牙医的经验进行调整。在国外，ClearCorrect 公司已经使用 Stratasys 公司的 3D 打印设备和材料大规模生产透明矫正器，国内也出现了时代天使等品牌的隐形矫正器。

3D 打印牙齿的技术有很多，如 SLA、SLM、PJ、DMLS 等。其中，SLA 技术主要用于打印树脂材料的模型，如临时牙冠和牙桥制造、牙科手术导板以及失蜡铸造的树脂模型等；SLM 技术主要用于金属结构，可快速、直接成形精密的复杂金属结构，所以在口腔修复体制造中有很大优势，如牙冠固定桥制造等，因为这类修复体采用的材料往往为牙科用金合金、不锈钢等，且形状较为复杂，对精度要求较高；PJ 技术在相关实验室和设计方面有许多应用案例，如制作牙模、贴面模型、牙齿矫正器、手术导板、定位托盘等；有的公司已采用 DMLS 技术直接制造梯度功能钛材料的多孔牙科植入体。

应用 3D 打印技术，只要获得患者的口腔数据，牙科技师就可以根据医生要求定制出精准的牙科产品，如牙模、牙冠等，从而使医生不必亲自动手制作模型、义齿等牙科产品，而是将更多精力用于口腔疾病的诊断及口腔手术的实施。

4.3.6 3D 生物打印

来自日本京都大学使用 3D 生物打印机打印出 8mm 管状导管，并用 12 只老鼠做实验，在其中 6 只老鼠身上使用 3D 打印导管桥接神经中的 5mm 间隙，另外 6 只老鼠则使用当前标准的硅管，实验结果是用了 3D 生物打印导管的 6 只老鼠的神经再生速度明显快于其他 6 只，实验证明，3D 生物打印导管（见图 4-34）可以促进受损的神经细胞再生，再生速度快于硅管。这进一步表明生物 3D 打印导管有望在将来用于帮助患者神经损伤恢复。

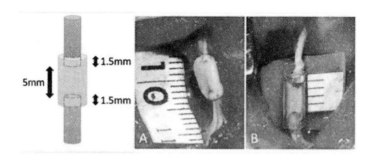

图 4-34　日本京都大学研发出促进神经再生的 3D 生物打印导管

2016 年年底，中国科学家打印出了约 2 厘米长的血管样本，并成功将这些血管植入 30 只恒河猴的胸腔。植入一个月后，取得了意想不到的效果，随着时间的推移，人工血管中的干细胞生长成天然血管所需的多种细胞，这些细胞与恒河猴的原生血管"融为一体"。该实验的成功，意味着将 3D 打印血管及其他器官用于人类移植成为可能。

有报道称，俄罗斯生物科技集团 3D Bioprinting Solutions 已成功将 3D 打印甲状腺植入一只老鼠体内。利用自行研制的数字光处理（DLP）3D 打印机，他们成功打印出了复杂的血管网络，该网络在被植入小鼠体内后居然成功与后者的血管系统融合，并且表现出了正常的功能。

3D 生物打印生物器官有如下几个优点：

1. 真实性好

扫描数据来自真实的人类血管，所以打印出来的血管更真实，甚至包含毛细血管，而不是只打印中间简单的一段。

2. 兼容性好，成本低

3D 生物打印的原材料除了光敏聚合物外，还可采用水凝胶和内皮细胞等，所以血管网络的兼容性更好，同时，成本比较低。

3. 打印速度快

采用生物 3D 打印技术，整个过程只需十几秒（尺寸为 4mm×5mm×

0.6mm），而采用传统 3D 打印技术，可能要数小时。

强生 DePuy Synthes 与加拿大生物技术公司 Aspect Biosystems 达成一项新的研究合作，用后者的生物打印平台来打印适用于手术治疗的膝盖半月板。两家公司研发的 3D 打印膝关节软骨如图 4-35 所示。

图 4-35　加拿大生物技术公司 Aspect Biosystems 联手强生研发的 3D 打印膝关节软骨

法国图卢兹 CHU 医院与专业 3D 打印植入物公司 Anatomik Modeling 联合完成了全球首例 3D 打印辅助制造定制化支气管（见图 4-36）植入手术。

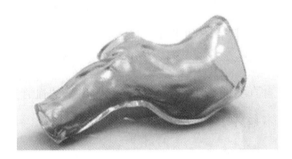

图 4-36　3D 打印辅助制造定制化支气管

3D 打印辅助制造定制化支气管的原理：首先，对病人的支气管进行 3D 扫描；其次，用所得数据 3D 打印出原模；最后，用原模制造模具并进行硅胶铸造，得到定制的支气管。由于 3D 打印的模具具有精确度高、真实性好等优点，从而可以再现患者的原始支气管形状，达到最佳定制效果。

浙江大学贺永团队研发了一种全新的血管 3D 打印方法，该方法利用同轴喷头制造出中空凝胶纤维，装载成纤维细胞和平滑肌细胞的凝胶纤维可控沉积在三维打印平台的旋转模板上，内皮细胞种在中空凝胶纤维融合后形成的宏观通道内。大量的实验证明，该工艺方法系统地解决了宏观、微观跨尺度流道的同时成形问题。宏观流道可用于各种机械力的加载，微观流道可用于营养输送以及化学物质的加载。该血管打印模型可以集成在器官芯片上，可应用于药物筛选、细胞培养、细胞力学等领域。

4.3.7 3D 打印与制药

3D 打印方式制药与传统的压片方式制药相比，主要有以下优点：

（1）精确控制药物成分与药量。3D 打印制药可以通过调整打印头直径、流速、流量、角度、喷射次数等工艺参数来控制药物成分及药量。因为是计算机控制，所以其精确程度是传统方法不可比拟的。

（2）实现复杂结构。3D 打印制药是将粉末材料黏结成形的，可以实现复杂型腔的多孔结构，方便不同的医疗用途。

（3）个性化定制。实际临床中，由于个体差异，每个患者的药物也有差异，利用计算机辅助软件可为单个患者定制特殊剂量或成分的药物，实现精准化治疗。

图 4-37 所示为 3D 打印原型探测器，它由传感器和读取器组成，传感器采用了可以通过机器学习技术来不断进行自我调整的一种新型传感器；而读取器由 4 种不同颜色的 LED、一个相机和一个 3D 打印塑料外壳组成。该探测器采用了 3D 打印技术，原型的造价很低，但同时又很耐用，可根据不同的情况进行定制化设计。

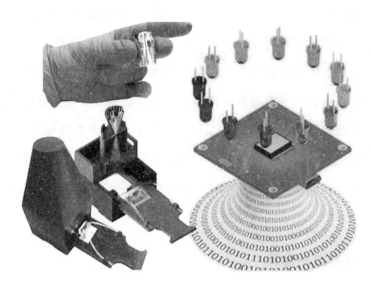

图 4-37　3D 打印原型探测器

1. 定制化药物

　　药物研发的目的在于提高疗效和降低不良反应的风险，这一目标可能会通过应用 3D 打印技术生产个性化药物来实现。口服片剂是较受欢迎的药物剂型，因为它具有易于制造、避免疼痛、少的剂量和良好的病人依从性等特点，然而，没有一种可行的方法可用于制备个性化的固体剂型，如片剂。目前，口服片剂是通过诸如混合、碾磨、干燥和湿的粉末成分造粒制得的，这些粉末成分通过压缩或铸模形成片剂。这些制造步骤中的每一个环节，都可能为药物的制备带来困难，如药物降解和形态变化，最终可能导致配方或药品批量制造失败。此外，这些传统的制造工艺不适合创建个性化药物，限制了具有高度复杂几何形状、新的药物释放曲线和长期稳定性的定制剂型的制造能力。

　　药剂师可以分析病人的药理学档案，以及其他特征如年龄、种族或性别等，以确定最佳的用药剂量。然后，药剂师可以通过 3D 打印系统打印和分发个性化药物。如有必要，可以根据临床反应进一步调整剂量。

3D 打印也在全新的制剂如包含多种活性成分的药丸制备上具有潜力。对于患有多种慢性疾病的患者而言，若一种药物可以为患者提供正确、个性化的多种药物治疗，这将有助于提高患者对药物的依从性。未来，或许药店可以直接出售给他们的顾客 3D 打印定制化的药品。

2. UCLA 推出新型生物墨水，可 3D 打印成药物

加利福尼亚大学洛杉矶分校（UCLA）开发出了一种全新的生物墨水，这种墨水能够通过喷射 3D 打印技术被直接制成药物。这种新型生物墨水的主要成分是一种天然生物分子——透明质酸（广泛存在于皮肤、结缔组织及神经系统），其 3D 打印过程大致如下：

（1）与光引发剂（又称光敏剂或光固化剂）混合，从而在受到光线照射时固化。

（2）与盐酸罗匹尼罗（用于治疗帕金森氏症）混合，组成药物原材料。盐酸罗匹尼罗作为 API 具有良好的亲水性，很容易溶解，这不但有利于人体吸收，而且有利于测算药物溶解速率。

（3）将上述混合物通过压电喷嘴沉积成形。UCLA 团队对打印的药物进行了溶解实验，他们将其放在模拟胃部酸性环境中，然后对其溶解速率进行了测量。结果显示，其溶解速率在 15 分钟内就超过了 60%，30 分钟时更是超过了 80%。但是，这种药物也有不足之处，就是在 1 小时的溶解后会失去一小部分（约 4%）。

3. 3D 打印药物输送装置

3D 打印技术已经被应用于药物的研究和制造，它们有望成为一项革命性的技术。3D 打印药物输送装置的优点包括能精确控制液滴的大小和剂量，重现性好，以及满足复杂药物释放曲线要求的能力。复杂的药物生产过程也可以通过使用 3D 打印技术来标准化，从而使它们更简单、可行。3D 打印技术在个性化医疗的发展中起着非常重要的作用。

目前，3D 打印技术虽然在医疗方面得到了广泛的应用并已经逐渐成为研究前沿，但总体来说还处于初级阶段，有待大力发展。以医疗模型为例，未来医疗模型将会呈现出多材质、全色彩的特点，所能获取的医疗信息也将更丰富、详细；植入体将朝多孔结构发展，质量轻，成本低，且更符合人体自然力学特性；组织工程支架将使用细胞和可降解支撑材料直接打印成形，细胞直接吸收可降解材料，随之不断生长、增殖，直接形成组织器官；体外仿生三维结构体将完全由多细胞材料直接构建，细胞活性大幅度增强，生物体微环境将会模拟得更加逼真。

3D 打印已经在多个领域包括医学领域成为一个潜在的变革工具，随着打印机性能、分辨率和可用原材料种类的增加，其应用范围越来越广。研究人员利用 3D 打印技术，不断地改进现有的医疗应用程序，去探索新的医疗方向。3D 打印目前在医学领域取得了显著成果，但在一些革命性的应用方向如人体器官打印，则还有很长的路要走。

5
3D 打印在建筑行业中的应用

伴随着时代的不断进步，房地产作为国民经济的支柱产业，也得到了飞速发展，随着建造规模的不断扩大，传统的建造方式成本高、建设周期长等缺点日渐凸显，这就需要考虑导入一种新的技术来克服这些缺点。于是，3D 打印技术进入了房地产开发商的视野，相对于传统的建造方式，3D 打印技术是一种更智能化、精细化的作业方法，它能胜任一些传统建造方式无法完成的工作，如复杂的外形，也能解决一些传统建造方式的问题，如结构强度、力学性能等，并能减少传统建造方式一些无法避免的浪费，如人力浪费、材料浪费等。

5.1　3D 打印相对于传统建筑方法的特点

5.1.1　3D 打印相对于传统建筑方法的优点

1. 节约成本

用 3D 打印技术打印房屋可节约大量成本，因为 3D 打印不再需要配备大量的工人和管理人员，节约了人力成本，同时，不需要大量的脚手架和建筑模板，可以为建筑企业节约大量的物力成本。这就意味着，使用 3D 打印技术，可以得到更低的造价成本、更短的施工工期，如此建筑成本至少可节约 50％以上。

图 5-1 所示是迪拜在 2015 年建成的世界首个 3D 打印办公室。迪拜打算在 2025 年之前的新建筑上都采用 25％以上的 3D 打印部分，他们的目

的是希望利用 3D 打印技术削减医疗和建筑业成本，重组经济和劳动力市场。迪拜未来基金会表示，这项 3D 打印战略将会减少 70% 的劳动力，整体成本将降低 90%。同时，该计划还将重新定义生产力，皆因 3D 打印所需的时间只是传统技术的 10%。该项倡议将侧重用于照明产品、基座和地基、施工缝、设施和公园，以及用于人道主义事业的建筑和移动式住宅。

图 5-1　迪拜 2015 年建成的世界首个 3D 打印办公室

2. 可直接打印复杂结构

由于 3D 打印技术可以直接打印复杂结构，所以设计师在设计建筑时可以更多地考虑热以及声音的处理，也可以为后续的结构安装提供设计帮助，例如，可以研究应用在后续的加固结构、装饰结构上等。

3D 打印是在计算机控制下进行的，所以具有精度高、成形可靠的优点，而且可成形各种复杂的形状，如图 5-2 所示。

3. 效率高、速度快、投资回报率高

相对于传统的施工技术，3D 打印具有效率高、速度快以及投资回报率高等优势。

（a）复杂建筑　　　　　　　　　（b）复杂连接件

图 5-2　3D 打印复杂结构

4. 绿色环保

3D 打印在打印过程中不会产生污染，几乎没有噪声和震动，同时没有材料的浪费，具有绿色、环保的特点。

5. 精度高

打印程序能精准地执行一层一层的有序打印，相较于人工有着非常高的精度，产品质量有保证。而且，可以减少施工人员施工中的安全事故，消除安全隐患。

6. 改变人们的生活环境

由于 3D 打印房屋速度快、建设周期短且成本低，世界各个国家都在竞相建造 3D 打印的房屋，如图 5-3 所示。这是一个富有突破性的进步，有希望缓解全世界尤其是中国日益紧张的住房压力。

图 5-3　3D 打印房屋

5.1.2　3D 打印相对于传统建筑方法的缺点

1. 材料受限

3D 打印能利用的材料比较少，而且材料要求环保，这就给研究工作带来了一定的难度，同时也缺少生产黏合剂的厂商，但可喜的是，国内有关部门正在加大这方面的研究力度，并取得了一定的成绩，还出台了 3D 打印建筑材料相关标准。

2. 3D 打印出来的房屋的牢固性有待提高

因为没有钢筋结构，3D 打印出来的房屋的牢固性有待提高，现有的 3D 打印技术可以独立完成的仅是 1～2 层的矮建筑、临时性建筑和应急性建筑，但是，最近在上海、北京、杭州等地出现了可供居住的 3D 打印试用房，欧洲多地也在建设 3D 打印社区试点，相信这一问题很快就会得到解决。

5.2　3D 打印在建筑前期的应用

3D 打印在建筑前期的应用，主要是打印沙盘图及房屋模型。传统沙盘图的制作过程非常复杂，首先由设计师设计出草图及建筑物的细节结构，然后由沙盘制作公司将其拆分成细小的零部件，例如，房顶瓦片、墙面装饰、门窗等结构，分别制作加工，再将这些零部件拼装起来，整个制作周期通常需要 2～3 个月。而采用 3D 打印技术制作沙盘就简单多了，3D 建模人员从房地产开发商那里拿到 3D 设计草图后先进行三维建模，再将三维模型数据转制成 3D 打印设备可以识别的 STL 文件，然后由电脑控制 3D 打印设备自动打印，无须人工干预。与传统制作方式相比，3D 打印不需要拆分制作然后拼装，既节省了大量人力、物力，也避免了各板块制作上的误差或错误造成无法拼接的可能性。由于 3D 打印机不需要休息，可实现连续工作，一般大型沙盘图从设计到制作成成品，所耗时间仅是传统制作方法的 10% 左右，人力成本也仅占传统制作方法的 10%，在材料成本相等的情况下，3D 打印整体制作费用仅为传统制造方法的一半不到。

图 5-4 是 3D 打印的房地产建筑规划图（楼盘沙盘图），这种打印沙盘整体性更好，不仅能表达出楼盘的各类细节信息，也能清晰地反映出周围的配套设备，如公路、树林、河流等信息。

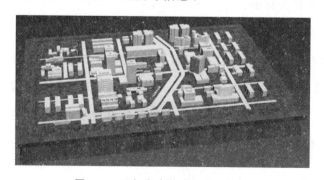

图 5-4　3D 打印房地产楼盘沙盘图

图 5-5 是其中一栋高层的楼盘模型。从模型可以看出，上面存在大量的镂空部分，比如阳台、架空部分等，因为下面没有支撑，所以在打印时应该人为地在镂空处加入支撑。

图 5-5　高层楼盘模型

利用 3D 打印技术打印沙盘模型，不仅适用于房地产开发，在建造一些企业或工厂时也常使用。深圳一家公司利用 3D 打印技术为一家建筑公司打印了一个大型工厂沙盘，如图 5-6 所示。模型非常逼真，工厂各种布局一目了然，如办公区、生产区、宿舍区、员工食堂等的占地大小、楼房的高度及层数，还有各种植被、消防安全通道等，为设计的完善及后续的建造提供了有力保证。

图 5-6　3D 打印大型工厂沙盘

图 5-7 为工厂内部模型。

图 5-8 为房屋模型。

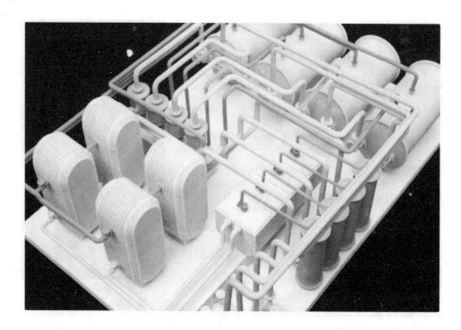

图 5-7 工厂内部模型

图 5-8 房屋模型

5.3 3D 打印在建筑造房中的应用

3D 打印房屋示意如图 5-9 所示。要完成一个建筑的打印，必须架设一台巨大的 3D 打印机，保证打印机旋转一周能打印到房屋的任何地方。这样的打印方式成本高，维护困难，且商业化及普及难度高，在实际打印中并不可取。如何实现通用性强、成本低且维护简便的房屋 3D 打印，成了现在各打印建筑企业的研究重点。

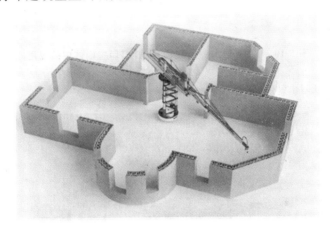

图 5-9　3D 打印房屋示意

国内知名的 3D 打印建筑公司赢创采用的方法是化整为零，他们先在公司内用 3D 打印机打印好房屋的主体墙，这种主体墙是可以拆卸的，然后将主体墙搬运至建造现场拼装组合，再用水泥将它们固化在一起，如此反复进行，直至完成房屋的打印工作。

当 3D 打印的主墙体比较长或高时，为了保证强度，可采用"S"形加强筋结构，如图 5-10 所示。在内外墙体之间加入"S"形加强筋，这样既保证了建筑物的整体强度和刚度，又节省了支模所需的时间和费用，把现场工地的施工工作量降到最低，不仅大大减少了安装成本，缩短了安装时间，而且有效保护了工地周边的环境。

图 5-10   "S"形加强筋结构在 3D 打印主墙体中的应用

3D 打印房屋案例如图 5-11 所示。

图 5-11   3D 打印房屋案例

2014 年，荷兰某建筑公司 3D 打印了一座 69 米高的景观别墅，如图 5-12所示。该建筑耗时 18 周建成，其形状像一条莫比乌斯带循环，该建筑采用沙和黏合剂混合而成的材料打印出天花板、楼板的外形轮廓，得到中空卷的形式，再往其中灌入纤维增强混凝土来保障强度，最后给外表面涂覆一层金属。整个建筑 3D 打印而成，包括内部楼梯、弧形墙体等，先是分开打印，然后拼接组装而成。这个建筑由名叫"盖房者"的 3D 打印机打印而成,"盖房者"能够打印 2m×2m×3.5m 的预制件,预制件呈蜂巢状,给各种缆线和管道留下空间,大楼由许多预制件像搭积木一样搭建制作而成。

图 5-12 3D 打印景观别墅

随着 3D 打印技术在建筑行业的进一步应用,再加上更多的适合复杂环境的材料的研发,3D 打印技术已经实现在太空中打印产品。事实上,美国国家航空航天局已经在利用 3D 打印技术在国际空间站为他们服务、打印各种太空产品。有理由相信,在不久的将来,3D 打印技术不仅能改变世界,也能改变整个星系。

同时,D-Shape 公司已经使用他们的 3D 打印技术,打印人工珊瑚礁、家具以及独特的景观建筑如游泳池、喷泉等更多有特色的建筑。此外,他们会在不久的将来打印更多独到的、魅力十足的设施,如图 5-13 和图 5-14 所示为由 3D 打印的具有特色结构的游泳池亭,从外形来看第一眼就给人惊艳的直观感受。

图 5-13 3D 打印游泳池亭 1

图 5-14　3D 打印游泳池亭 2

5.4　3D 打印在建筑装饰中的应用

建筑行业中各种装饰件的主要作用是装饰，主要关注的是装饰件造型的优美及合理的搭配，而对于其强度、力学等性能要求不高，3D 打印技术完全可以满足这方面的要求。图 5-15 所示为使用 3D 打印技术打印的各种优美的灯花构件，这些灯花每一个结构都不相同且造型奇特，内外相互交错，这是传统制造方法无法完成的，这样的形状要求也只有 3D 打印技术可以胜任。

目前，3D 打印技术在建筑装饰方面的应用已经比较成熟，个性化的装饰部件已经成功应用于水立方、上海世界博览会大会堂、国家大剧院、广州大剧院、上海东方艺术中心、凤凰国际传媒中心、海南国际会展中心、三亚凤凰岛等成百上千个建筑项目。

图 5-15　3D 打印灯花构件

　　如图 5-16 所示的天津银河国际购物中心的顶饰、图 5-17 所示的湖南株洲红花树酒店的装饰工艺、图 5-18 所示的异形家具等都采用了 3D 打印技术。

图 5-16　天津银河国际购物中心的顶饰

图 5-17　湖南株洲红花树酒店的装饰工艺

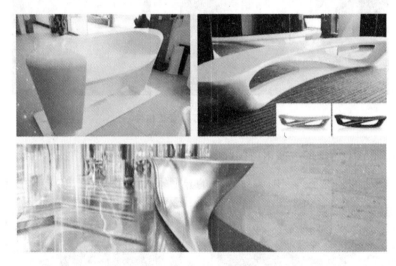

图 5-18　异形家具

5.5　3D 打印在桥梁建筑中的应用

　　现在国内外的企业正在考虑将 3D 打印技术应用于桥梁建造,传统的建桥方式主要考虑的是施工,往往是先将桥墩埋好再来铺设桥面,这样做的缺点是,因为桥墩会不断遭受河水的冲刷,所以经常出现桥还没有建好桥墩的被冲刷部分就已经被破坏的情况。利用 3D 打印独特的建造方式，可以克服这一缺陷。图 5-19 所示为 3D 打印桥梁现场，这是一种全新的"建桥"方式，目前国际上已经完成了一些样品。这种"建桥"方式是从桥的两端开始建造，打印机一边建桥一边固定已建成的部分，然后逐步向前推进，最后合并成一个整体，完成整个桥体的打印工作。

图 5-19　3D 打印桥梁现场

　　采用 3D 打印技术"建造"桥梁，最大的优势是保证了桥梁结构的完整性，提高了桥梁的强度及刚度，是一种比较实用、可靠及灵活的建桥方式。但是，3D 打印桥梁也有其局限性，那就是 3D 打印桥梁应该在现场进行，打印时需要考虑气候变化对基础设施的影响，同时，因为桥梁本身比较大，打印后再移过去会造成搬运困难，也可能因为打印的桥体与实际使用的地方不相容，从而额外地增加返修、加工成本。因此，在当地直接打印是最合适的选择。

　　既然需要现场打印，便携性就成了主要的考虑因素，这就要求打印机本身不能太大，同时，机械手的尺寸也不能太大，其最大尺寸要小于大型集装箱尺寸，以便于运输。

　　考虑到桥梁的承载性能及强度和刚度的要求，3D 打印桥梁必须使用金属 3D 打印技术。同时，因为桥梁是悬空打印，需要 3D 打印机三个驱动轴同时工作，实现复杂的三维运动，这就给传统的金属 3D 打印技术（如SLM）带来了挑战。传统的金属 3D 打印技术一般都在充满金属粉末的缸体内完成，只能打印不超过缸体尺寸的小零件，为了解决这一难题，可以采用机械手的打印方式，机械手被安装在一个特别设计的轨道内，可以移动，打印一段桥后机械手沿轨道滑动，继续打印下一部分，最后成形所需要的桥梁。

2019 年 1 月 11 日，不用任何钢筋水泥的国内首座 3D 打印景观桥在上海桃浦中央绿地公园正式落成，如图 5-20 所示。

图 5-20　国内首座 3D 打印景观桥

这是国内第一座运用 3D 打印技术完成的一次成形、跨度最大、多维曲面的高分子材料景观桥。该桥采用特殊的树脂材料，桥身呈乳白色，全长 15.25m，宽 3.8m，高 1.2m，仅供行人通过，是一座人行景观桥。

其实，用 3D 技术打印桥梁早已实现。2017 年 7 月，同济大学就成功打印出两座 3D 打印步行桥，两座桥跨度分别为 4m 和 11m，但两座桥没有进行压力、载荷测试，仅用于展示。

图 5-21 为桥梁打印现场，由于打印的桥梁尺寸过大，必须使用龙门架固定复合 3D 打印机，通过计算机系统控制机器吐料、拍打、黏合、冷却、固定成形，由于全程电脑控制，打印精度可达毫米级。

图 5-21　桥梁打印现场

图 5-22 为正在"打印"的 3D 打印桥梁。这座投入实际使用的 3D 打印景观桥，通过"打印"一次性成形，前后只花费了 35 天。

图 5-22　3D 打印桥梁

该桥通过了压力及载荷测试，完全达到行人通行的使用要求。根据实验室测试结果，该桥每平方米可以承受的载荷达 250 千克，相当于每平方米至少可容纳 4 个成年人同时经过。

桥梁采用的原材料为"ASA"工程塑料，并混合有一定比例的玻璃纤维、抗老化材料等，这使这座桥具有耐热性、耐寒性、耐冲击性等特点，能承受长期的日晒雨淋；同时，该材料又满足 3D 打印材料和建筑材料的要求，在确保桥体强度和耐久性的同时还符合国家建筑行业标准。如果桥梁有局部损坏，还可以通过更换局部构件进行维修。

如图 5-23 所示，这座桥梁的内部结构拥有"S"形曲线，桥面多处镂空，具有复杂的多维度曲面，这种结构传统方法很难做出来，只有通过 3D 打印技术才能实现，这也是 3D 打印技术的优势。随着 3D 打印工艺的成熟、原材料价格的降低，3D 打印桥梁的市场竞争力将会变得更强。

图 5-23　桥梁内部结构

6
3D 打印技术未来发展趋势

近年来，3D 打印技术得到了飞速发展，已经被广泛应用到机械制造、航空航天、汽车制造、建筑装饰、医疗行业等各个领域，并且随着 3D 打印技术的不断发展、成熟及新型 3D 打印技术的不断涌现，其应用领域也不断拓展，可以预见，在不久的将来，3D 打印将会被推向一个更加广阔的发展平台。

3D 打印技术作为"第三次工业革命"的新型技术，正在引起一场制造业的革命，并在不断的深入发展。作为一种具有巨大发展潜力的制造技术，未来 3D 打印技术将主要向以下几个方面发展：

6.1　3D 打印技术未来发展趋势之一：材料向多元化发展

传统的 3D 打印原材料比较单一，这在一定程度上制约了 3D 打印技术的发展，如 SLS 主要原材料为树脂材料，金属 3D 打印 SLM 常用的材料仅为不锈钢、高温合金、钛合金、模具钢以及铝合金等几种最为常规的材料，在未来的制造业中，材料必然向多元化发展，这就需要不断完善 3D 打印技术，实现各种新材料打印或发明新的 3D 打印技术，以适应未来制造业的不断发展。

未来的 3D 打印将攻克不同材料同时打印的技术难题。传统制造业中很难将两种以上的不同材料同时加工成形，而 3D 打印因为打印材料多数为粉末材料，如果在成形前将多种材料混合然后进行打印，可以提高零件的强度及性能，这在理论上是可行的。因此，3D 打印技术为多材料同时加工提供了一个广阔的发展平台。

6.2　3D 打印技术未来发展趋势之二：3D 打印设备两型化

一是大型化。现有的 3D 打印技术及设备主要停留在中小型尺寸的工业产品打印上，而未来的航空航天、汽车制造等领域，对尺寸的要求越来越高，尤其是对大尺寸零件，如钛合金、高温合金以及铝合金等大尺寸复杂精密构件的制造提出了更高的要求，这就需要更大、更好的 3D 打印设备来满足这方面的使用要求，因此，研发大型化的金属 3D 打印设备将成为一个发展方向。

二是智能化、便捷化。与航空航天领域不同，有些领域需要小型化、智能化的 3D 打印设备，如医疗、科研、精密制造行业等领域。同时，考虑到办公场地的移动性，所以便捷化也将成为 3D 打印的发展趋势。

6.3　3D 打印技术未来发展趋势之三：开启云制造时代

未来的 3D 打印技术将向云制造方向发展，消费者通过网络发出订单，接到订单的生产者在不同地方制造产品并配送给用户，这种小规模、分布式的制造方式颠覆了传统的产品供应方式，避免了大规模制造存在的高投入、高风险的弊端。未来云制造很可能代替大规模生产，成为制造业的主流。3D 打印因为其简便的制造方式，还有其移动的便捷性，具有云制造的一切基础条件，是云制造的"催化剂"，将小型制造企业组成超大规模网络的 3D 打印分布式系统，智能检测各种制造资源，带领小型制造商进入蚂蚁工厂，实现云制造。

6.4　3D 打印技术未来发展趋势之四：打印生物组织

再生医学是未来医疗发展的一个方向。虽然牙齿、骨骼的替换产品已经趋向成熟，但以往的技术很难制造出复杂结构的人体器官来替换病变器官，而只依靠器官移植远远不能满足实际需求。3D 打印技术正在向直接打印生物组织发展，未来的活细胞打印可以用自身干细胞制成没有排异反应或排异反应很小的替换器官，这将成为医疗史上的巨大进步。

6.5　3D 打印技术未来发展趋势之五：从地面到太空，助力深空探测

在过去的几十年，美国政府向 NASA 投入了大量的人力物力研究 3D 打印技术在太空中的应用，目的是实现"太空制造"。经过多年的研究，他们在太空环境的 3D 打印设备、工艺及材料等领域取得了一定的成就，如使用 3D 打印技术打印载人太空探索飞行器（SEV）的零部件等。

如果要构建大型永久性月球基地，使用 3D 打印技术可能是最好的手段，因为要将大型机械设备运到月球进行现场建设或将已建设好的基地运到月球都是不现实的。采用 3D 打印技术，可以利用月球资源进行现场打印，从而"打印"出月球基地。3D 打印技术的快速发展及远程控制技术的完善，为 3D 打印技术实现"太空制造"及进行"深空探测"提供了理论基础。

6.6　3D 打印技术未来发展趋势之六：走入千家万户

随着 3D 打印技术小型化、智能化的实现以及成本的不断降低，在未

来的某一天，3D 打印技术走进千家万户是必然的趋势。在不久的将来，你可以自己给自己打印一双鞋子，这样的鞋子是最适合你的脚的，可以让你健步如飞；或者，在你的车里放一台 3D 打印机，当汽车某个零部件坏了，不用急着找修理店或等待拖车，自己打印一个装上就行了……

| 参考文献 |

[1] 郭谆钦，王承文. 特种加工技术 ［M］. 2 版. 南京：南京大学出版社，2019（1）：244－255.

[2] 魏青松. 增材制造技术原理及应用 ［M］. 北京：科学出版社，2017：109－192.

[3] 沈响. 3D 打印技术在航空制造中的应用研究 ［D］. 西安：长安大学，2017.

[4] 杨恩泉. 3D 打印技术对航空制造业发展的影响 ［J］. 航空科学技术，2013（1）：13－17.

[5] 吴平. 3D 打印技术及其未来发展趋势 ［J］. 印刷质量标准化，2014（1）：8－10.

[6] 冯春梅，杨继全，施建平. 3D 打印成型工艺及技术 ［M］. 南京：南京师范大学出版社，2016：1－13，131－135.

[7] 谢静. 3D 打印技术在航空领域中的应用 ［J］. 科技资讯，2014（3）：161－162.

[8] 张征，冯洁萍，涂凯. 3D 打印技术在航空制造领域应用展望 ［J］. 中国民用航空，2013（10）：61－62.

[9] 刘铭，张坤，樊振中. 3D 打印技术在航空制造领域的应用进展 ［J］. 装配制造技术，2013（12）：232－235.

［10］张杨阳，胡宇凡，万欣宇 . 3D 打印技术在航空制造领域的发展探究
［J］. 电脑编程技巧与维护，2015（9）：89 - 91.

［11］赵婧 . 3D 打印技术在汽车设计中的应用研究与前景展望［D］. 太
原：太原理工大学，2014.

［12］胡迪·利普森，梅尔芭·库曼 . 3D 打印：从想象到现实［M］. 北京：
中信出版社，2013.

［13］吴怀宇 . 3D 打印：三维智能数字化创造［M］. 北京：电子工业出版
社，2014：17.

［14］赵阳 . 3D 打印技术及应用［J］. 电脑知识与技术，2013（6）.

［15］伊万斯 . 解析 3D 打印机：3D 打印机的科学与艺术［M］. 程晨，
译 . 北京：机械工业出版社，2014：60 - 62.

［16］佩蒂斯，弗朗斯，舍吉尔 . 爱上 3D 打印机：MakerBot 权威手册
［M］. 北京：人民邮电出版社，2013：51 - 54.

［17］MARRO A，BANDUKWALA T，MAK W. Three-dimensional print-
ing and medical imaging：a review of the methods and applications［J］.
Current Problems in Diagnostic Radiology，2016，45（1）：2 - 9.

［18］林加凡 . 中国首例 3D 打印技术导航 TAVI 手术在上海完成［J］. 海
南医学，2015，26（4）：607.

［19］曹志强，柳云恩，刘龙，等 . 3D 打印技术在肾脏部分切除术中的应
用［J］. 解放军医药杂志，2015，27（11）：6 - 9.

［20］IGAMI T，NAKAMURA Y，HIROSE T，et al. Application of a
three-dimensional print of a liver in hepatectomy for small tumors in-
visible by intraoperative ultrasonography：preliminary experience
［J］. *World Journal of Surgery*，2014，38（12）：3163 - 3166.

［21］朱建平 . 3D 打印骨骼进入临床观察阶段［J］. 山东中医药大学学

报，2013（4）：9.

[22] 李清 . 3D 打印在建筑业的应用研究 ［D］. 广州：华南理工大学，2017.

[23] 王运赣，王宣 . 3D 打印技术 ［M］. 武汉：华中科技大学出版社，2014：10-20.

[24] 罗军 . 中国 3D 打印的未来 ［M］. 北京：东方出版社，2014：1-20.

[25] 王忠宏，李扬帆，张曼茵 . 中国 3D 打印产业的现状及发展思路 ［J］. 经济纵横，2013（1）：1-5.

[26] 杨建江，陈响 . 3D 打印建筑技术及应用趋势 ［J］. 施工技术，2015，44（10）：84-88.